无公害农产品
生产技术

吕常厚　曲日涛　王英磊　主编

WUGONGHAI
NONGCHANPIN
SHENGCHAN
JISHU

 化学工业出版社

·北京·

图书在版编目（CIP）数据

无公害农产品生产技术/吕常厚，曲日涛，王英磊主编
.—北京：化学工业出版社，2021.7（2024.1重印）
ISBN 978-7-122-39121-6

Ⅰ.①无…　Ⅱ.①吕…　②曲…　③王…　Ⅲ.①农产品-
无污染技术　Ⅳ.①S3

中国版本图书馆 CIP 数据核字（2021）第 084746 号

责任编辑：邵桂林　　　　　　　　　装帧设计：史利平
责任校对：王　静

出版发行：化学工业出版社（北京市东城区青年湖南街 13 号　邮政编码 100011）
印　　装：北京盛通数码印刷有限公司
850mm×1168mm　1/32　印张 7　字数 131 千字
2024 年 1 月北京第 1 版第 11 次印刷

购书咨询：010-64518888　　　　　　售后服务：010-64518899
网　　址：http://www.cip.com.cn
凡购买本书，如有缺损质量问题，本社销售中心负责调换。

定　　价：39.80 元

编写人员名单

主　　编　吕常厚　曲日涛　王英磊

副 主 编　马东辉　王凌云　张晓华　孙雅秀

　　　　　乔淑芹　牟德芸

其他参编人员（按姓氏笔画排序）

丁　锁	王双磊	王洪娴	王海燕
宁传丽	卢俊宇	刘芳园	安利娜
李　勇	李春笋	许淑桂	孟令华
沙传红	杨丽娟	张春海	姜　蔚
赵利华	胡保明	赵海波	郝雅静
崔小菊	李　磊		

前　言

　　无公害农产品是指使用安全的投入品，产地环境、产品质量符合国家强制性标准，按照规定的技术规范生产并使用特有标志的安全农产品。无公害农产品的定位就是保障消费安全、满足公众需求。标准，是为了在一定的范围内获得最佳秩序，经协商一致制定并由公认机构批准，共同使用和重复使用的一种规范性文件。而标准化是为了在一定范围内获得最佳秩序，对现实问题或潜在问题制定公共使用和重复使用的条款的活动。无公害农产品标准化生产技术就是依据国家相关技术标准制定，用于指导无公害农产品生产活动，规范无公害农产品生产的技术规定。

　　为了提升农业标准化水平和农产品质量安全水平，大力推广无公害农产品标准化生产技术，满足生产企业和生产基地对无公害农产品技术的需求，结合烟台当前农业生产实际，我们组织有关专家编写了《无公害农产品生产技术》。本书汇集了25种主要作物的无公害农产品标准化生产技术，运用简练的语言介绍了无公害农产品的产地环境、土肥水管理、病虫害防治、采收、包装以及生产记录等内容，通俗易懂，实用性强，便于推广。可供无公害农产品生产企业、基地以及广大农户和农业科技人员参考。

　　由于编写较为匆忙，书中难免存有疏漏之处，欢迎大家批评指正，力争下次再版时修订完善。

编　者

2021 年 5 月

目　录

第四节　西瓜生产技术　//　134
第五节　山东梨生产技术　//　144
第六节　莱阳茌梨生产技术　//　155
第七节　桃生产技术　//　165
第八节　鲜食葡萄生产技术　//　181

194 第三章
粮食类无公害农产品生产技术

第一节　甘薯生产技术　//　194
第二节　花生生产技术　//　199
第三节　玉米生产技术　//　204
第四节　马铃薯生产技术　//　207
第五节　小麦生产技术　//　214

参考文献　//　218

疏菜类无公害农产品生产技术

第一节　菠菜生产技术

1　产地环境条件

应选择地势平坦、排灌方便、土壤耕层深厚、土壤结构适宜、理化性状良好、土壤肥力较高的地块，以砂壤土、壤土及轻黏土为宜。

2　生产技术

2.1　栽培茬口

——春茬：2月下旬至4月上旬，表层土解冻后播种，5～6月上市。

——夏茬：5月上旬至6月上旬播种，7～8月上市。

　　——秋茬：8月中下旬至9月下旬播种，10～12月上市。

　　——越冬茬：10月上旬至11月上旬播种，12月至翌年4月上市。

2.2　品种选择

　　选用抗病、优质、丰产、抗逆性强、适应性广、商品性好的品种。早春和越冬栽培应选择抽薹迟的品种。夏秋栽培应选择耐热品种。

2.3　整地、施基肥、作畦

　　每667m^2施充分腐熟的有机肥3～5m^3，磷酸二铵15～20kg，硫酸钾10～15kg，深翻25～30cm，整平耙细作畦。一般平畦畦宽1.8～2.0m，埂宽35cm；高畦畦宽30cm，畦高20cm。

2.4　播种

2.4.1　根据气象条件和品种特性选择适宜的播期。

2.4.2　播前种子可进行消毒处理，防治霜霉病可用50％福美双可湿性粉剂或75％百菌清可湿性粉剂按种子量的0.4％拌种，也可用25％瑞毒霉可湿性粉剂按种子量0.3％拌种。

2.4.3　采用干籽直播，播种方式以撒播和条播为主。撒播一般每667m^2用种3～4kg，条播2～3kg。撒播时先将畦面浇透，待水渗下后均匀撒种，然后覆土1.0～1.5cm。条播，一般行距20～30cm，播深2～3cm，播后浇水。夏季播种时，若气温高于 30℃，菠菜种子发芽困难，应催芽后播种，催芽温度 15～20℃，2～3d后，60％种子露白后即可播种。播后覆草保湿。

2.5　田间管理

2.5.1　春茬菠菜

50％以上幼苗出土后浇第一遍水，2 叶 1 心时浇第二遍水；2～3 片真叶时，按苗间距 3～5cm 间苗；3～4 片真叶时定苗，株距 5～8cm，行距 15～20cm。定苗后，结合浇水每 $667m^2$ 撒施氮肥（N）3～5kg、钾肥（K_2O）5～10kg。株高 15cm 左右时，结合浇水，每 $667m^2$ 施氮肥（N）4～6kg、钾肥（K_2O）4～5kg。注意保持土壤湿润。

2.5.2　夏茬菠菜

出苗后，及时去掉地面覆盖物，可采用喷灌降低地温及气温。也可畦面浇小水，以井水为宜，水流要缓，一般在清晨或傍晚浇水。2～3 片真叶时间苗，3～4 片真叶时定苗。定苗后，每 $667m^2$ 追施氮肥（N）3～5kg。

2.5.3　秋茬菠菜

秋茬菠菜播种量可适当减少。幼苗出土后浇第一遍水，2 叶 1 心时浇第二遍水。2 片真叶时按株间距3～5cm 间苗；3～4 片真叶时定苗，株距 5～8cm，行

距 15～20cm，幼苗期注意除草和防涝。其它管理同春
茬菠菜。

2.5.4　越冬茬菠菜

2.5.4.1　冬前管理

出苗后，适当控制浇水。2～3 片真叶后适当浇
水，并随水追施氮肥（N）5～7kg，及时除草。

2.5.4.2　越冬期管理

土壤封冻前，可建风障御寒。宜在土壤昼消夜冻
时浇足冻水，严寒地区宜在浇水后早晨解冻时再覆一
层土杂肥保墒。

2.5.4.3　冬后管理

心叶开始生长时，选晴天及时浇返青水，水量宜
小。返青至收获期，保证充足的水肥供应，结合浇水
每 667m² 追施氮肥（N）4～5kg。

3　病虫害防治

3.1　主要病虫害

霜霉病、蚜虫、甜菜夜蛾。

3.2　防治原则

按照"预防为主，综合防治"的植保方针，坚持
"以农业防治、物理防治、生物防治为主，化学防治为

辅"的原则。

3.3　农业防治

因地制宜选用抗（耐）病优良品种；合理布局，实行轮作倒茬；培育无病虫壮苗；加强田间管理，及时摘去失去功能的病残叶片，并中耕除草，改善田间通风透光条件；及时清除病株，清洁田园；雨后及时排水，控制土壤湿度。

3.4　物理防治

3.4.1　采用银灰膜避蚜

可在田间每隔 $1\sim2m$ 悬挂宽度 $10\sim15cm$ 的银灰色薄膜条，悬挂高度离地面 $1m$ 左右。

3.4.2　黄板诱杀蚜虫

每 $667m^2$ 悬挂 $20cm\times30cm$ 黄色黏虫板 $30\sim40$ 块，悬挂高度与植株顶部持平或高出植株 $5\sim10cm$。

3.5　生物防治

保护天敌，创造有利于天敌生存的环境条件，选择对天敌杀伤力低的农药；释放天敌，如捕食螨、寄生蜂等；选用生物制剂如 2.5% 鱼藤酮乳油 $100mL/667m^2$ 或 1.5% 除虫菊素水乳剂 $80\sim160mL/667m^2$ 防治蚜虫。

3.6　化学防治

3.6.1　防治霜霉病

可选用 50%烯酰吗啉水分散粒剂 $30\sim35g/667m^2$，或 66.5%霜霉威盐酸盐水剂 $90\sim120mL/667m^2$ 喷雾。

3.6.2　防治蚜虫

可用 25%噻虫嗪水分散粒剂 $6\sim8g/667m^2$，或 25%吡蚜酮可湿性粉剂 $20\sim25g/667m^2$，或用 10%啶虫脒乳油 $15\sim25mL/667m^2$ 喷雾。

3.6.3　防治甜菜夜蛾

可用 25g/L 高效氯氟氰菊酯乳油 $4\sim8mL/667m^2$ 喷雾。

4　采收

4.1　采收时期

根据市场需求，适时分批收获。春菠菜 5 月上旬至 6 月上旬收获；夏茬菠菜 7～8 月收获；秋菠菜 10 月中下旬收获；越冬茬翌年 3 月下旬至 4 月下旬收获。

4.2　采收标准

色泽鲜嫩，深绿色，叶大、茎短、肉厚，棵形完整未抽薹；无虫及虫卵，无老叶、黄叶，无黑根、黄斑病害。

5　包装及贮运

5.1　包装物上应标明无公害农产品标志、产品名称、产品的标准编号、生产者名称、产地、规格、净含量和包装日期等。

5.2　包装（箱、筐、袋）要求大小一致、牢固。包装容器应保持干燥、清洁、无污染。

5.3　应按同一品种、同规格分别包装。每批产品包装规格、单位、质量应一致。

5.4　运输时做到轻装、轻卸、严防机械损伤。运输工具要清洁、无污染。运输中要注意防冻、防晒、防雨淋和通风换气。

5.5　贮存应在阴凉、通风、清洁、卫生的条件下，按品种、规格分别贮藏，防日晒、雨淋、冻害、病虫害危害、机械损伤及有毒物质的污染。适宜的贮藏温度为$-0.6 \sim 2℃$，空气相对湿度为$90\% \sim 95\%$。

第二节　大白菜生产技术

1　产地环境条件

应选择地势平坦、排灌方便、土壤耕层深厚、土壤结构适宜、理化性状良好、以粉砂壤土、壤土、轻黏土为宜，土壤肥力较高，前茬为非十字花科作物。

2　生产技术

2.1　春季大白菜栽培技术

2.1.1　品种选择

选用冬性强、耐先期抽薹、生长期短、耐低温的品种。

2.1.2　直播

平畦或起垄均可，株行距为 $40\sim60cm$，每 $667m^2$ 播（穴播）$2600\sim2800$ 株，播种后覆盖地膜。

2.1.3　育苗

2.1.3.1　育苗时间。当室外气温稳定在 5℃ 以上时，棚内昼温达 20℃ 以上、夜均温度不低于 13℃ 可进行育苗。

2.1.3.2　育苗设施。可在塑料大棚内建畦并扣小拱棚，选用 $8cm\times8cm$ 或 $8cm\times10cm$ 的营养钵进行播种育苗。

2.1.3.3　营养土配制。用 7 份过筛园土加 3 份腐熟厩肥充分混匀，配置营养土。

2.1.3.4　播种。春茬在 3 月下旬至 4 月上旬播种。先装大半钵营养土后，将营养钵整齐排放于苗床内，浇透底水，每钵播1～2粒种子，再均匀覆盖厚度1cm左右的细土。

2.1.3.5 苗期管理。出苗后及时间苗，30d左右可培育出具4～6片真叶的壮苗。移栽前5～7d停止浇水，避免定植时破坨伤根而影响缓苗生长。

2.1.4 整地

冬前深翻耕晒垡，早春土壤化冻时，每667m² 撒施5000kg腐熟粪肥作基肥，再浅翻耕一遍，使粪肥与浅土混匀。播种前5～7d整畦造墒，平畦或起垄均可。

2.1.5 定植

一般在3月底至4月下旬日平均气温稳定在13℃以上时定植。坐水栽苗或定植后浇水。株行距为40～60cm，每667m² 定植2600～2800株。

2.1.6 田间管理

2.1.6.1 定苗

田间直播，若出苗后（子叶完全膨大）遇晴天，应及时破膜将幼苗放出；若放苗期遇倒春寒，可等寒流过后再破膜放苗，但不可放苗过晚，避免叶片发黄、营养生长衰弱；6～8片真叶期定苗。4月中下旬，气温稳定回升后，及时去膜。

2.1.6.2 浇水

浇水应掌握"前控、中促、后控"的原则。苗期控制浇水，以提高地温、促根、壮苗；进入莲座期不可缺水，应保持菜田见干见湿；结球期减少浇水量，以免发生软腐病。

2.1.6.3 追肥

在叶球形成前加强肥水管理。定苗后，每 $667m^2$ 追施尿素 30kg 或磷酸二铵 $25 \sim 30kg$，然后培垄浇透水。

2.2 夏季大白菜栽培技术

2.2.1 品种选择

夏白菜主要选择生长期短、耐热、抗病品种。

2.2.2 整地

前茬作物收获后，每 $667m^2$ 施腐熟的优质有机肥 $3000\sim4000kg$，深耕耙细整平，做成行距 50cm 的小高垄，垄高 $15\sim20cm$，垄宽 $20\sim30cm$。做垄前在垄下带状施入磷酸二铵 50kg，硫酸钾 25kg 或饼肥 100kg，浅中耕使肥料和土壤充分混合均匀。

2.2.3 播种

夏茬在 6 月初至 7 月上旬，土壤墒情较好时，在小高垄上按株距 $35\sim40cm$，开穴 $2\sim3cm$ 深，适量点水，待水渗完后，将 $4\sim6$ 粒种子均匀点播于穴中，覆盖 1cm 厚的过筛细土；土壤墒情较差时，可在垄上按

35~40cm 的间距开浅沟，在沟内播 4~6 粒种子，上覆 1cm 厚的细土，之后在垄底沟内浇透水，注意不要让水漫过垄顶。

2.2.4　田间管理

2.2.4.1　间苗、定苗

大白菜"拉十字"和 3~4 片真叶期各间苗一次，到 5~6 片真叶时及时定苗。

2.2.4.2　浇水

在管理上以促为主，不需蹲苗。苗出齐后顺沟浇一次水。苗期保持地面湿润，宜小水勤浇。莲座期后，应每 5~7d 浇一次水。雨季应及时排涝。

2.2.4.3　追肥

在定苗期、莲座期、结球初期按照前少后多的原则各追一次速效肥，每 667m² 施尿素 10~20kg 或充分腐熟的有机肥。

2.3　秋季大白菜栽培技术

2.3.1　品种选择

秋季大白菜生产应选择高产、优质、抗病、适应性广、商品性好的优良品种。

2.3.2　整地

结合整地，每 667m² 施腐熟有机肥 5000kg，撒匀后耕翻、做垄，垄距 55～60cm，垄高 15～20cm，并将垄背摊平，以备直播。

2.3.3　播种

秋茬多在 7 月下旬至 8 月中旬播种。在垄背上按早熟品种 40～45cm、中晚熟品种 50～60cm 株距开穴，穴内浇水后播 3～5 粒种子。

2.3.4　定苗

播后 7～8d 进行间苗，在 4 叶期进行第二次间苗，每穴留 2～3 株。到 6～8 叶时定苗，每穴留一株壮苗。

2.3.5　田间管理

2.3.5.1　中耕蹲苗

间苗后及时中耕除草和培土，植株封垄前进行最后一次中耕，中耕时前浅后深，不要伤根。如莲座后期叶片生长过旺，可进行蹲苗。

2.3.5.2　浇水

浇水结合追肥进行，结球前期土壤见干见湿，结球期保持土壤湿润，收获前 7～10d 停止浇水。浇水时不宜大水漫灌，预防软腐病害。

2.3.5.3　追肥

如底肥用量少，宜在苗期追一次肥，每 667m² 施尿素 10kg。在莲座期、结球始期和中期各追 1 次肥，每 667m² 施尿素 15～20kg。莲座期和结球期喷施 1%

的磷酸二氢钾或尿素水溶液以及其他叶面肥。

3　病虫害防治

3.1　主要病虫害

霜霉病、软腐病、黑斑病、黑腐病、菜青虫、蚜虫、小菜蛾、甜菜夜蛾、地下害虫。

3.2　防治原则

按照"预防为主，综合防治"的植保方针，坚持"以农业防治、物理防治、生物防治为主，化学防治为辅"的原则，执行 GB/T 23416.7 和 NY/T 2798.3 的操作要求。

3.3　农业防治

选用抗（耐）病优良品种；播前种子进行消毒处理；培育无病虫壮苗；实行轮作倒茬；加强中耕除草，清洁田园，降低病虫源数量；发现病株及时拔除并消毒。

3.4　物理防治

3.4.1　采用银灰膜避蚜

在田间每隔 1～2m 悬挂宽度 10～15cm 的银灰色薄膜条，悬挂高度离地面 1m 左右。

3.4.2 黄板诱杀蚜虫

每 667m² 悬挂 20cm×30cm 黄色黏虫板 30～40块，悬挂高度与植株顶部持平或高出植株 5～10cm。

3.5 生物防治

3.5.1 保护释放天敌

创造有利于天敌生存的环境条件，选择对天敌杀伤力低的农药；释放如七星瓢虫、食蚜蝇、寄生蜂等天敌。

3.5.2 软腐病

用 1000 亿个孢子/g 的枯草芽孢杆菌可湿性粉剂 50～60g/667m² 喷雾防治软腐病。

3.5.3 黑斑病

用 4% 嘧啶核苷类抗生素水剂 400 倍液喷雾防治黑斑病。

3.5.4 黑腐病

用 2% 春雷霉素水剂 75～120mL/667m² 喷雾防治黑腐病。

3.5.5 菜青虫、小菜蛾和蚜虫

用 0.5% 苦参碱水剂 60～90mL/667m² 喷雾防治

菜青虫、小菜蛾、蚜虫；用10%多杀霉素水分散粒剂10~20g/667m²，或0.3%印楝素乳油50~80mL/667m²，或100亿个活芽孢/mL苏云金杆菌悬浮剂100~150mL/667m²，或300亿OB/mL小菜蛾颗粒体病毒悬浮剂25~30mL/667m²喷雾防治小菜蛾。

3.5.6　甜菜夜蛾

用5亿PIB/g甜菜夜蛾核型多角体病毒悬浮剂120~160mL/667m²，或32000IU/mg苏云金杆菌可湿性粉剂40~60g/667m²，或100亿个孢子/g金龟子绿僵菌油悬浮剂20~33g/667m²喷雾防治甜菜夜蛾。

3.6　化学防治

3.6.1　农药使用原则

严禁使用剧毒、高毒、高残留农药和国家规定在无公害食品蔬菜生产上禁止使用的农药。交替使用农药，并严格按照农药安全使用间隔期用药。病害在发病初期用药，虫害在低龄或未扩散期用药。

3.6.2　霜霉病

可选用20%丙硫唑悬浮剂40~50mL/667m²，或70%丙森锌可湿性粉剂150~210g/667m²，或40%三乙膦铝可湿性粉剂235~470g/667m²等喷雾。交替轮换使用，7～10d 防治 1 次，连续防治 2～3 次。

3.6.3　软腐病

可选用 50％氯溴异氰尿酸可溶粉剂 50～60g/667m²，或 30％噻森铜悬浮剂 100～135mL/667m²，或 20％噻菌铜悬浮剂 75～100g/667m² 喷雾防治。

3.6.4　黑斑病

可用 10％苯醚甲环唑水分散粒剂 35～50g/667m²，或 430g/L 戊唑醇悬浮剂 15～18mL/667m² 喷雾防治。

3.6.5　菜青虫

可用 10％高效氯氟氰菊酯水乳剂 5～10mL/667m²，或 25g/L 溴氰菊酯乳油 20～40mL/667m² 喷雾防治。

3.6.6　蚜虫

可用 15％啶虫脒乳油 5～7mL/667m²，或用 2.5％高效氯氟氰菊酯可湿性粉剂 20～30g/667m²，或用 22％氟啶虫胺腈悬浮剂 7.5～12.5mL/667m² 喷雾防治。

3.6.7　小菜蛾

可用 50％虫螨腈水分散粒剂 10～15g/667m²，或

20％氟苯虫酰胺水分散粒剂 13～17g/667m²，或 10％
氯菊酯乳油 4000～10000 倍液喷雾防治。

3.6.8 甜菜夜蛾

可用 20％虫酰肼悬浮剂 80～120mL/667m²，或
25g/L 高效氯氟氰菊酯乳油 40～80mL/667m²，或
50g/L 氟啶脲乳油 60～80mL/667m² 喷雾防治，于晴
天傍晚用药，阴天可全天用药。

3.6.9 地下害虫

播种后出苗前每 667m² 用 90％敌百虫晶体 100g
加少量水溶解后，拌入 37.5kg 炒香的麦麸中做成毒
饵，于傍晚均匀撒于种植田内，可防治蝼蛄、地老虎、
蟋蟀等地下害虫。

4 采收

4.1 春白菜在叶球包心紧实后，根据市场要求，陆续
采收上市。

4.2 夏大白菜生长 50～60d，在叶球基本长成后，可
根据市场需求及时收获上市。

4.3 秋白菜早熟品种包心七八成时陆续采收上市。中
晚熟品种，尤其是进行贮藏时宜尽量延长生长期，但
应在霜冻前采收。一般在 11 月中下旬收获完毕。

第三节　拱棚韭菜生产技术

1　产地环境

生产场地应清洁卫生、地势平坦、排灌方便、土质疏松、肥沃、土层深厚。

2　栽培技术

2.1　栽培季节

2月~4月播种，6月~7月定植，元旦前后开始收获。

2.2　品种选择

选用抗病虫、抗寒、耐热、丰产、商品性好的品种。

2.3　育苗

2.3.1　种子处理

将韭菜种子放入40℃的温水中，自然冷却后常温浸种12h，置于25~28℃的条件下催芽，3~4d后，

70%种子露白即可播种。

2.3.2 苗床制作

苗床为平畦，畦宽 1.2m、深 10cm。育苗用营养土可用肥沃大田土 6 份，腐熟圈肥 4 份，混合过筛。每立方米营养土加商品有机肥 30kg、氮磷钾复合肥（15-15-15）1kg、50%多菌灵可湿性粉剂 80g，充分混合均匀。

2.3.3 播种

在育苗畦内按 15cm 行距开 1cm 深沟，沟内播种，每 667m^2 播种量 4～5kg。播种后床面覆盖地膜或麦（稻）草，70%幼苗顶土时撤除床面覆盖物。

2.3.4 苗期管理

出苗前 2～3d 浇 1 次水，保持土表湿润。出苗后及时清除杂草。从齐苗到苗高 16cm，结合浇水追施尿素 2～3 次，每 667m^2 追肥总量 20～30kg。定植前不收割，以促进壮苗养根。

2.4 定植

2.4.1 施肥整地

采用测土配方施肥技术，或推荐施肥量。每 667m^2 施用优质腐熟的有机肥 4000～5000kg 做底肥，或商品有机肥 1000kg，配合施入氮磷钾复合肥（16-8-18）50kg，整地做畦，畦宽 1.2m。

2.4.2　定植方法

行栽或穴栽，栽植深度以不埋住分蘖节为宜。

2.5　定植后管理

2.5.1　露地生长阶段管理

定植后连浇两水，浇水后划锄，进行墩苗。缓苗后及时清除田间杂草。进入雨季应及时防涝。施肥应根据长势、天气、土壤干湿度的情况，采取轻施、勤施的原则。苗高 35cm 以下，每 667m^2 施商品有机肥 200～300kg；苗高 35cm 以上，每 667m^2 施商品有机肥 300～400kg，同时加施尿素 5～10kg，或加施氮磷钾复合肥（15-15-15）5kg。扣棚前 3～5d 浇 1 水，结合浇水每 667m^2 施氮磷钾复合肥（15-15-15）20kg。

2.5.2　棚室生长阶段管理

11 月中下旬扣棚膜，扣棚前将韭菜枯叶清理干净。棚室白天保持 20～24℃，夜间 12～14℃。株高 10cm 以上时，保持白天 16～20℃，超过 24℃放风降温排湿，相对湿度 60%～70%，夜间 8～12℃。冬季中小拱棚栽培应加强保温，夜温保持在 6℃以上。

2.5.3 采收后的管理

采收后，加大通风，促进韭菜伤口愈合，愈合后覆土。结合浇水追肥。

3 病虫害防治

3.1 防治原则

坚持"预防为主，综合防治"的植保方针，优先采用农业、生物、物理防治措施，辅以化学防治。

3.2 主要病虫害

韭菜主要病害有灰霉病、疫病，主要虫害是韭蛆、刺足根螨（黑根病）。

3.3 化学防治

3.3.1 防治原则

严格控制施药的种类、施药量和安全间隔期。

3.3.2 灰霉病

每 $667m^2$ 可用 10％腐霉利烟剂 $260\sim300g$，关闭棚室，熏蒸防治；或用 40％嘧霉胺悬浮剂 $1000\sim1500$ 倍液，喷雾防治。

3.3.3　疫病

用 72.2％霜霉威盐酸盐 800 倍液，或 72％霜脲锰锌可湿性粉剂 800～1000 倍液，喷雾防治。

3.3.4　韭蛆

3 月中下旬和 9 月上旬，可用沼液进行防治，每 667m² 施 1～2t 兑水灌根，连续使用 2～3 次；6～7 月采用日晒高温覆膜法防治韭蛆；4 月上旬和 9 月上旬可用 5％氟啶脲乳油 200mL＋25％噻虫嗪可湿性粉剂 100g 兑水灌根进行防治。

3.3.5　刺足根螨

2％阿维菌素乳油 1000 倍液灌根防治。

4　采收

韭菜株高 25～30cm，3～5 片叶时采收为宜，在鳞茎膨大处 1cm 以上收割，割口整齐一致。

5　包装、运输及贮存

5.1　包装

包装容器（箱、筐）要求大小一致、牢固，包装容器应保持干燥、清洁、无污染。应按同一品种、同规格分别包装。每批产品包装规格、单位、质量应一致。

5.2　运输

运输时做到轻装、轻卸、严防机械损伤。运输工具要清洁、无污染。运输中要注意防冻、防晒、防雨淋和通风换气。

5.3　贮存

贮存应在阴凉、通风、清洁、卫生的条件下，按品种、规格分别贮藏，防日晒、雨淋、冻害、病虫害危害、机械损伤及有毒物质的污染。贮藏库内菜体温度保持在（0±0.5)℃、空气相对湿度为85%～90%。

6　生产废弃物处理

及时将田间的枯叶和杂草清理干净，集中进行无害化处理，保持田园清洁。农药包装瓶或袋收集后分类处理。

第四节　平菇生产技术

1　产地环境要求

生产场地清洁卫生、地势平坦，靠近水源、排灌方便、通风良好。

2　生产技术

2.1　栽培季节

2.1.1　早秋栽培

8月中旬备料，下旬拌料、装袋、灭菌、接种、发菌，10月中旬出菇。

2.1.2　晚春栽培

1月份至2月中下旬备料，3月上中旬拌料、装袋、灭菌、接种，4月上中旬发菌，4月下旬或5月上旬至7月底出菇。

2.2　菌种选择与制备

2.2.1　选用优良菌株

应选用高产、优质、抗逆性强的优良菌株。夏季出菇选择高温型品种，早秋及春季出菇选择广温偏高型菌株，秋冬出菇选择广温偏低型菌株。

2.2.2　菌种制备

（1）自制菌种的，根据栽培时间、规模及各级菌种生长时间安排菌种生产。

（2）购买栽培种需提前15～20d、原种提前25d左右。

2.3 培养料配方与原料处理

2.3.1 栽培原料

选用棉籽壳、玉米芯、木屑（阔叶树）等为主料，配以麦麸等含氮丰富的辅料，同时添加适量的石灰、复合肥等。

2.3.2 配方

培养料含水量要求 65%，pH 7.5～8.0，配方可选择：

（1）配方 1 棉籽壳 84.8%、麦麸 10%、生石膏 2%、生石灰 2%、过磷酸钙 0.5%、尿素 0.2%、复合肥 0.5%。

（2）配方 2 玉米芯 90%、豆饼 3%、生石灰 5%、磷酸二铵 1%、尿素 1%。

（3）配方 3 玉米芯 50%、阔叶木屑 30%、麦麸 10%、豆饼 3%、磷酸二铵 2.5%、生石灰 4.5%。

2.3.3 原料处理和配料

原料使用前对玉米芯等原料粉碎至黄豆粒大小，按照配方取料，先将干料混匀，然后逐渐加水，边加水边把尿素、复合肥、麸皮、生石灰按顺序拌料，至培养料含水量达 65% 左右、酸碱度 pH 7.5～8.0 为止，加水量约为干料的 1.4 倍，以手捏培养料，指缝见水不滴水为宜。

2.4　菌袋制作和接种

2.4.1　栽培袋规格和要求

栽培用塑料袋采用低压聚乙烯袋，人工装袋要求料袋厚度 0.04mm 以上，机械装袋要求 0.05mm 以上。根据季节选择筒袋宽度和长度，夏季、早秋选用宽（20～22）cm×长 40cm 为宜，中秋及晚秋选用（22～25）cm×45cm 为宜。

2.4.2　装袋

先将袋的一头在离袋口 8～10cm 处用绳子（活扣）扎紧，然后装料，边装边压，袋壁四周压紧，中央稍压，形成四周紧中间松，两端紧中间松，装到离袋口 8～10cm 处压平表面，再用绳子（活扣）扎紧，最后用干净的布擦去沾在袋上的培养料。

2.4.3　灭菌

装袋后马上灭菌，装好料的袋依次摆放于锅内架上，中间留出少许空隙，加水开始灭菌。初时加大火力，尽快使温度升到 100℃，维持 8～10h，待温度降至 80℃时，再慢慢开门，取出料袋，放到无菌室（洁净室）中降温。

2.4.4　接种

接种房采用食用菌专用的烟雾剂进行消毒。接种前要严格检查菌种是否污染。当袋料内温度降至 30℃ 时抢温接种。两头接种，每袋菌种可接 13～18 袋菌袋。接完种后封口。

2.5 发菌期管理

2.5.1 摆放方法

根据气温，菌袋采用列状摆放或"井"状摆放，摆放 4～6 层。

2.5.2 温度

保持室温 22～26℃，料温保持在 25～30℃。超过 30℃，采取强制性通风措施，使其降温。

2.5.3 湿度

空气相对湿度控制在 70%～80%。

2.5.4 光照

保持黑暗。

2.6 出菇期管理

2.6.1 温度

原基分化要求温度 14～20℃，出菇阶段温度保持在 15～20℃为宜，最高不超过 30℃，最低不低于 5℃。

2.6.2 湿度

每天喷水的次数和数量应视天气情况、气温高低以菇朵生长情况灵活掌握，空气干燥时多喷，高温多喷（过高温度中午不喷），反之少喷。子实体形成初期以空间喷雾加湿为主，以少量多次为宜，保持地面湿润，切忌向菇蕾上直接喷水，只有当菇蕾分化出菇盖、菇柄时才可以少喷、细喷、勤喷雾状水。当平菇菌盖大多长至直径 3cm 以上时，可直接喷在菇体上。出菇期空气相对湿度保持 85%～90%。采完一潮菇后，停止喷水 3d 左右，然后重新喷水，刺激新一潮菇的形成。

2.6.3 通风

出菇期间应保证通风良好，室内 CO_2 浓度最高不得超过 0.1%。

2.6.4 光照

出菇阶段每天应保持有 6h 以上的散射光。

3 病虫害防控

3.1 防控原则

按照"预防为主，综合防治"的植保方针，以规范栽培管理预防为主，农业、物理、生态综合防控，化学防控为辅。对平菇病虫杂菌采取综合防控措施，确保平菇产品安全优质。

3.2 防控对象

平菇主要病害有褐腐病、黄腐病、褐斑病、锈斑（点）病等；主要杂菌有胡桃肉状菌、木霉、青霉、脉孢霉等；主要虫害有眼菌蚊、瘿蚊、跳虫、菇螨等。

3.3 防控措施

3.3.1 环境调控

——生产区在非栽培期，使用低浓度二氯异氰尿酸钠或三氯异氰尿酸等含氯溶液对场地进行淋洗消毒处理，用高效氟氯氰菊酯、甲氨基阿维菌素苯甲酸盐等药剂喷洒杀虫。

——出菇区可用石灰石消毒处理，走廊每天清洗消毒1次。

3.3.2 物理防控

——每栋菇棚门口外搭建长度为3.5m，宽度为3.5m的缓冲间，两边留门。缓冲间和菇棚门上分别安装60目尼龙防虫门帘，换气窗口设置60目尼龙防虫纱网。

——棚室内设置黑光灯诱杀菇蚊、菇蝇等害虫。

每 $667m^2$ 的棚在棚中悬挂 4～5 盏 20～40W 黑光灯。

——出菇期发现病菇，应及时进行清除、隔离。

3.3.3　化学防控

发现菇棚内有害虫发生时，需要采用药剂防治的情况下，应先将菇体全部采收，优先选用已在食用菌上登记使用的高效、低毒、低残留药剂。

4　采收及转潮期管理

4.1　采收

4.1.1　菌盖边缘尚未完全展开，孢子未弹射时采收为宜。

4.1.2　采摘时一手按住培养料，一手抓住菌柄，将整丛菇旋转拧下，将菌柄基部的培养料去掉，注意轻拿轻放，防止损伤菇体，不要把基质带起。

4.2　转潮期管理

每批菇采收后，将袋口残菇碎片清扫干净，除去老根，停止喷水 3～4d，待菌丝恢复生长后，再进行水分、通气管理，经 7～10d，菌袋表面长出再生菌丝，出现第二批菇蕾，进入出菇管理。如此循环，直到培养料养分基本耗尽为止。每潮出菇间隔为 10～15d，可出 5～6 潮菇。

第五节　芹菜生产技术

1　产地环境条件

应选择地势平坦、排灌方便、土壤疏松、保水保肥能力强的地块。

2　生产技术

2.1　栽培茬口

2.1.1　春芹菜

保护地设施栽培，一般 11 月上旬至 2 月下旬播种育苗，适龄期定植，4 月下旬至 6 月下旬采收。

露地栽培，一般 3 月中旬至 4 月上旬播种，7～8 月采收。

2.1.2　夏芹菜

4 月中、下旬至 6 月播种，8～9 月采收。

2.1.3　秋芹菜

7 月上旬播种，10～11 月采收。

2.1.4　越冬芹菜

8 月上旬至 9 月上旬播种育苗，12 月至翌年 3 月采收。

2.2　品种选择

春季选择冬性强、不易抽薹、耐寒的品种，夏季选择耐热、抗病、生长快的品种，秋冬季选择耐寒、产量高、品质好、耐储运的品种。

2.3　育苗

2.3.1　育苗设施

冬季一般在日光温室育苗，或在塑料大棚内架设小拱棚、盖 2 层膜、保温被等措施保温育苗。夏秋季可用露地育苗或遮阴棚育苗。也可采用穴盘育苗，参考 DB 37/T 2663.5 执行。

2.3.2　苗床制作

做宽 1～1.5m 的育苗畦。每立方米土中施入充分腐熟厩肥 20～25kg，氮磷钾三元复合肥（15-15-15）1kg，耕翻细耙。苗床面积为移栽面积的 1/10 左右。

2.3.3　浸种催芽

将种子放入凉水中浸种 24h，其间搓洗 2～3 次。

将种子取出后用 0.2％高锰酸钾溶液消毒 20min，清水洗净，用透气纱布包好，湿毛巾覆盖，在 15～20℃条件下催芽。催芽期间，每天翻动种子 1 次，每两天用清水淘洗 1 次，一般 1 周左右，有 50％种子露白时就可播种。

2.3.4　播种

播前育苗畦内先浇足底水，待水下渗后，将催好芽的种子掺少量细土，均匀撒播于育苗畦内。本芹每 667m² 用种量 150～250g，西芹每 667m² 用种量 20～25g。播后覆土 0.5～1cm。

2.3.5　苗期管理

出苗前，苗床气温白天保持 20～25℃，夜间 10～15℃。冬春季育苗，要注意加盖地膜和草苫保温。夏秋季育苗，应采用遮阳网覆盖，遮阴降温。齐苗后，白天保持 18～22℃，夜间不低于 8℃。在整个育苗期间，要注意浇小水，保持土壤湿润。当幼苗第一片真叶展开后，进行初次间苗，苗距 1～1.5cm。以后再进行 1～2 次间苗，苗距 2～3cm 为宜。后期可根据植株长势，随水追施一次尿素，每 667m² 5～10kg。

2.3.6　壮苗标准

苗龄 50～60d，4～5 片真叶，株高 12～15cm，叶色浓绿，根系发达，无病虫害，无机械损伤。

2.4　定植前的准备

定植前 1 周，浇水造墒。每 $667m^2$ 施用腐熟的有机肥 $4\sim5m^3$，氮磷钾三元复合肥（15-15-15）$25\sim30kg$，硼砂 $0.5\sim1kg$；或磷酸二铵 $20kg$，硫酸钾 $10kg$。深翻耙细，整平做畦，畦宽 $1.2\sim1.5m$。

2.5　定植

2.5.1　定植密度

春、秋季栽培，本芹每 $667m^2$ 定植 $25000\sim35000$ 株为宜，秋冬和夏季栽培，每 $667m^2$ 定植 $35000\sim45000$ 株为宜。西芹一般每 $667m^2$ 定植 $10000\sim20000$ 株。

2.5.2　定植方法

高温季节定植宜在下午 15 时后进行。定植前苗畦浇大水，以利起苗。带土取苗，单株定植。在种植畦内按苗距 5cm 左右挖穴，插苗后覆土，栽培深度应与苗床上的入土深度相同，露出心叶，栽后浇水。

2.6　定植后管理

2.6.1　春芹菜

2.6.1.1　保护地栽培

定植前 10d 扣棚，提高温度。定植后，通过放风和加盖保温设施来调节棚内温度和湿度，定植初期白天棚内温度保持 20～25℃，夜间 10～15℃。缓苗后，白天保持 18～22℃，夜间 8℃以上。生长前期，适当少浇水，以免降低地温。结合浇水，每次每 667m² 追施尿素或氮磷钾三元复合肥（15-15-15）5～8kg，收获前 7d 停止追肥。

2.6.1.2　露地栽培

早春露地栽培，当外界气温 10℃以上，地温稳定在 5℃以上时定植。定植初期正是温度较低及土壤干旱季节，要注意适量浇水，加强中耕保墒，提高地温，促进缓苗。随外界气温升高，加强肥水管理。植株快封垄时，每 5～6d 浇水 1 次，保持畦面湿润。结合浇水，每次每 667m² 追施尿素或氮磷钾三元复合肥（15-15-15）5～8kg，收获前 7d 停止追肥。

2.6.2　夏芹菜

夏季栽培一般采用直播方式露地栽培。播种前施足底肥，每 667m² 施用腐熟的圈肥 4～5m³、氮磷钾三元复合肥（15-15-15）25～30kg、硼砂 0.5～1kg；或磷酸二铵 20kg、硫酸钾 10kg 等。深翻、整平，做成宽 1.2～1.5m 的畦。播后浇透水，并及时加盖遮阳网。生长期间要保持畦面湿润，每 2～3d 浇小水 1 次，出苗后及时间苗，最终使苗距达 6～10cm。下雨后要及时排水防涝。追肥以少量多次为原则，每 7～10d 追肥 1 次，每 667m² 追施尿素或氮磷钾三元复合肥（15-15-15）5～8kg，收获前 7d 停止追肥。

2.6.3　秋芹菜

2.6.3.1　露地栽培

定植后 10～15d，每隔 2～3d 浇 1 次水。缓苗后及时中耕蹲苗，促进根系发育。芹菜进入旺盛生长期要保持肥水充足。每 3～5d 浇水 1 次，10～15d 追肥 1 次，每次每 $667m^2$ 追施尿素或氮磷钾三元复合肥（15-15-15）10～15kg。收获前 7d 停止追肥。

2.6.3.2　保护地秋延后栽培

缓苗前每 2～3d 浇水 1 次，缓苗后，适当控制浇水进行蹲苗。定植 2～3 周后，每次每 $667m^2$ 追施尿素 10～15kg。当芹菜进入旺盛生长期，每 $667m^2$ 追施腐熟饼肥或腐熟有机肥 100～200kg。此时追施化肥要采取少施勤施原则，每 10～15d 追肥 1 次，每次每 $667m^2$ 追施尿素或氮磷钾三元复合肥（15-15-15）10～15kg。进入 10 月下旬后，随外界气温降低，及时盖膜扣棚，使棚内温度白天保持 15～20℃，夜间 8～10℃。白天温度高于 20℃要及时放风，夜间低于 8℃，加盖草苫保温。

2.6.4　越冬芹菜

设施内白天温度保持在 15～20℃，最高不超过 25℃，夜间保持在 6℃以上。在寒冷冬季来临前，可追施 2～3 次速效肥，每次每 $667m^2$ 施尿素或氮磷钾三元复合肥（15-15-15）15～20kg。天气转暖后，逐渐加大浇水量，10～15d 可追施 1 次，每次每 $667m^2$ 施尿素或氮磷钾三元复合肥（15-5-15）10～15kg。

3　病虫害防治

3.1　主要病虫害

斑枯病、叶斑病、病毒病、蚜虫、粉虱、斑潜蝇、甜菜夜蛾。

3.2　防治原则

按照"预防为主，综合防治"的植保方针，坚持"以农业防治、物理防治、生物防治为主，化学防治为辅"的原则。注意轮换交替使用药剂，严格控制农药的安全间隔期。

3.3　农业防治

与非伞形科作物实行 3 年轮作；选用抗病品种；培育适龄壮苗；通过放风、增强覆盖、辅助加温等措施，控制各生育期温湿度，避免低温和高温伤害；增施充分腐熟的有机肥，减少化肥用量；及时清洁田园，降低病虫基数；及时摘除病叶、病株，集中销毁。

3.4　物理防治

3.4.1　病毒病

露地栽培采用银灰膜驱蚜，可兼防病毒病。

3.4.2　粉虱、蚜虫、斑潜蝇

日光温室及大棚内通风口处增设 40 目的防虫网；设施内每 667m² 悬挂 30cm×20cm 的黄色粘虫板 30～40 块诱杀粉虱、蚜虫、斑潜蝇等害虫，悬挂高度为色板底部与植株顶部持平或高出 5～10cm。

3.4.3　甜菜夜蛾、棉铃虫

利用杀虫灯诱杀甜菜夜蛾、棉铃虫等，悬挂在离地面 1.2～1.5m 处，露地栽培每 1.3～2hm² 一盏，设施内一般每棚安装一盏。

3.5　生物防治

可释放食蚜蝇防治蚜虫；用 1.5%苦参碱可溶液剂 30～40mL/667m² 喷雾防治蚜虫；用 1%苦皮藤素水乳剂 90～120mL/667m² 喷雾防治甜菜夜蛾。

3.6　化学防治

3.6.1　斑枯病

发病初期，可用 37%苯醚甲环唑水分散粒剂 9.5～12g/667m²，或 25%咪鲜胺乳油 50～70mL/667m² 喷雾防治。

3.6.2　叶斑病

发病初期，用 10%苯醚甲环唑水分散粒剂 60～

$80g/667m^2$ 喷雾防治。

3.6.3　蚜虫

用 50％吡蚜酮可湿性粉剂 $14\sim16.8g/667m^2$，或 5％啶虫脒乳油 $24\sim36mL/667m^2$，或 25％噻虫嗪水分散粒剂 $4\sim8g/667m^2$ 喷雾防治。

4　采收

芹菜生育期一般为 $120\sim140d$，在成株有 $8\sim10$ 片成龄叶时即可采收，采收要在无露水条件进行。

5　包装及贮运

5.1　包装物上应标明无公害农产品标志、产品名称、产品的标准编号、生产者名称、产地、规格、净含量和包装日期等。

5.2　包装（箱、筐、袋）要求大小一致、牢固。包装容器应保持干燥、清洁、无污染。

5.3　应按同一品种、同规格分别包装。每批产品包装规格、单位、质量应一致。

5.4　运输时做到轻装、轻卸、严防机械损伤。运输工具要清洁、无污染。运输中要注意防冻、防晒、防雨淋和通风换气。

5.5　临时贮存在阴凉、通风、清洁、卫生的条件下，按品种、规格分别贮藏，防日晒、雨淋、冻害、病虫

害、机械损伤及有毒物质的污染。适宜的贮藏温度为
$-2\sim0℃$，空气相对湿度为 $97\%\sim99\%$。

第六节　日光温室菜豆生产技术

1　产地环境条件

应选择在生态条件良好，地势平坦，地下水位低，
排灌方便、土层深厚、疏松、肥沃的地块。

2　生产技术

2.1　保护设施

应建造结构合理、性能优良、适合当地条件的日
光温室。

2.2　栽培季节

一般 9 月下旬至 10 月上旬播种，11 月下旬开始收
获，采收期 5～6 个月。

2.3　品种选择

选择耐低温、耐弱光，结荚节位低、高产、优质、
抗病、商品性好的品种。

2.4 播种育苗

2.4.1 育苗设施

选用日光温室、大棚、阳畦、温床等设施育苗，应配有防虫、防雨、遮阳设施。一般采用穴盘育苗，可选用菜豆育苗专用商品基质。

2.4.2 用种量

每 $667m^2$ 栽培面积的用种量为 2.5～3kg。

2.4.3 种子处理

2.4.3.1 精选种子

选择有光泽、籽粒饱满、无病虫、无破损、无霉变的种子，播种前晒种 1～2d，以提高发芽整齐度和发芽势。

2.4.3.2 浸种催芽

将选好的种子放入 55℃ 的温水中，不断搅拌，保持 15min 后，浸泡 1～2h，然后捞出进行催芽。催芽采用湿土，即将育苗盒底先铺一层薄膜，在上面撒 5～6cm 厚的细土，用水淋湿，将种子均匀地播在细土上，再覆盖 1～2cm 细土，然后盖一层薄膜保温保湿。在 20～25℃ 条件下，约 3d 可出芽。

2.4.4 播种

芽长 1cm 左右时播种，每穴播 2～3 粒发芽的种子，播后盖湿润细土 2cm。播种后苗床覆盖塑料薄膜。

2.4.5　苗期管理

2.4.5.1　温度

播种后应保持 25℃左右的温度，出苗后降到白天 20~23℃，夜间 13~15℃。第一片真叶展开至定植前 7~10d，白天温度保持在 20~25℃，夜间 15~18℃。定植前 7d，白天温度降至 20℃左右，夜间 10℃左右，并控制浇水。

2.4.5.2　水分

苗期一般不浇水，可视墒情，幼苗出土后浇 1 次齐苗水，以后适当控制浇水。

2.4.5.3　炼苗

育苗移栽的菜豆，在定植前 5d 降温、通风、控水炼苗。

2.4.5.4　壮苗标准

子叶完好，茎粗壮，无病虫害和机械损伤。具一对基生叶和一个展开复叶，株高 15~20cm，叶色绿。

2.5　整地、施肥、作畦

定植前施足基肥，一般每亩施用腐熟的有机肥 4~5m³，配合施用氮磷钾三元复合肥（15-15-15）35~50kg。将肥料撒匀，深翻 25cm，耙细整平后南北向起垄，大行距 70~75cm，小行距 50~55cm，垄高 20cm。起垄后温室扣薄膜，高温闷棚 5~7d。

2.6　定植

选晴天栽植。穴距 30cm，每穴栽双株，每 667m^2 栽植 6800～7400 株。开沟浇水稳苗栽植，或采用开穴点浇水栽植。

2.7　定植后管理

2.7.1　抽蔓前期

定植缓苗后，适当控制浇水，并进行中耕，控制茎叶生长，促进根系生长。为促进菜豆花芽分化，白天保持棚内气温 20～25℃，夜间 12～15℃。白天气温超过 28℃时及时放风。

2.7.2　抽蔓期

抽蔓期追施 1 次速效氮素化肥，每 667m^2 追施磷酸二铵 10～15kg，追肥后浇 1 次水，并配合进行中耕。接近开花时要控制浇水。为防止菜豆茎蔓互相缠绕和倒伏，要及时吊蔓。

2.7.3　开花结荚期

前期维持白天棚内气温 20～27℃，夜间 15～18℃，草苫早揭晚盖，尽量使植株多见光，延长见光时间。接近开花时应控制浇水，做到浇荚不浇花。结荚后开始浇水，保持土壤湿润。当嫩荚坐住后，结合浇攻荚水，每 $667m^2$ 开浅沟施氮磷钾三元复合肥（15-15-15）$35\sim40kg$，适当培土扶垄后覆盖地膜。

每采收 $1\sim2$ 次，追施一次速效肥，每 $667m^2$ 可追施磷酸二铵或氮磷钾三元复合肥（15-15-15）20kg，追肥后随即浇水。深冬季节，草苫适当晚揭早盖。室内湿度大时，可于晴天揭苫后随即放风 $30\sim40min$。连续阴天时，可晚揭苫、早盖苫。大雪天，在清理积雪后午前揭苫，午后早盖苫。室内温度达 30℃时开始放风，25℃时关通风口。

结荚后期，植株进入衰老时期，要及时摘除病、老、枯、残叶片，以改善通风透光条件。

3　病虫害防治

3.1　主要病虫害

锈病、白粉病、炭疽病、蚜虫、美洲斑潜蝇、豆荚螟。

3.2　防治原则

按照"预防为主，综合防治"的植保方针，坚持"以农业防治、物理防治、生物防治为主，化学防治为辅"的原则。

3.3　农业防治

选用抗病性、适应性强的优良品种；实行 3 年以上的轮作；勤除杂草；收获后及时清洁田园；培育壮苗，合理浇水，增施充分腐熟的有机肥，提高植株抗性。

3.4 物理防治

温室内悬挂黄色黏虫板诱杀粉虱、蚜虫、斑潜蝇等害虫，每 $667m^2$ 悬挂 $20cm \times 30cm$ 的黄板 $30 \sim 40$ 块，悬挂高度与植株顶部持平或高出 $5 \sim 10cm$。

3.5 生物防治

保护天敌，创造有利于天敌生存的环境条件，选择对天敌杀伤力低的农药；释放天敌，如瓢虫、寄生蜂等。另外，可利用生物制剂防治病虫害，如用 300 亿 PIB/g 甜菜夜蛾核型多角体病毒水分散粒剂 $2 \sim 5g/667m^2$ 防治甜菜夜蛾等。

3.6 化学防治

3.6.1 农药使用原则

严禁使用国家规定在无公害食品蔬菜生产上禁止使用的农药。交替使用农药，并严格按照农药安全使用间隔期用药。

3.6.2 锈病

在发病初期，用 12% 苯甲·氟酰胺悬浮剂 $40 \sim 67mL/667m^2$，或 10% 苯醚甲环唑水分散粒剂（世高）

$50\sim83g/667m^2$ 喷雾防治。

3.6.3　白粉病

发病初期，可用 400g/L 氟硅唑乳油 $7.5\sim10g/667m^2$ 喷雾防治。

3.6.4　炭疽病

可用 75% 百菌清可湿性粉剂 $113\sim206g/667m^2$ 喷雾防治。

3.6.5　蚜虫

可用 20% 哒嗪硫磷乳油 $500\sim1000$ 倍液，或 20% 氰戊菊酯乳油 $20\sim40g/667m^2$ 喷雾防治。

3.6.6　美洲斑潜蝇

可用 80% 灭蝇胺可湿性粉剂 $15\sim22g/667m^2$，或 5% 阿维菌素微乳剂 $10.8\sim16.2mL/667m^2$ 喷雾防治。

3.6.7　豆荚螟

可用 50g/L 虱螨脲乳油 $40\sim50mL/667m^2$ 喷雾防治，安全间隔期为 7d，一个生长季节最多喷 3 次。重点部位是花蕾、花朵和嫩荚。

4　采收

果荚达到商品要求时，种子尚未明显膨大为采收适期，一般从开花到采收需 15d 左右，在结荚盛期，每 2～3d 可采收 1 次。采摘时注意防止损伤幼荚。

5　包装及贮运

5.1　包装物上应标明无公害农产品标志、产品名称、产品的标准编号、生产者名称、产地、规格、净含量和包装日期等。

5.2　包装（箱、筐、袋）要求大小一致、牢固。包装容器应保持干燥、清洁、无污染。

5.3　应按同一品种、同规格分别包装。每批产品包装规格、单位、质量应一致。

5.4　运输时做到轻装、轻卸、严防机械损伤。运输工具要清洁、无污染。运输中要注意防冻、防晒、防雨淋和通风换气。

5.5　临时贮存在阴凉、通风、清洁、卫生的条件下，按品种、规格分别贮藏，防日晒、雨淋、冻害、病虫害、机械损伤及有毒物质的污染。适宜的贮藏温度为 3～5℃，空气相对湿度为 95%。

第七节　日光温室番茄生产技术

1　产地环境条件

选择地势高燥、排灌方便、地下水位较低、土层深厚疏松的壤土地块。

2 生产技术

2.1 保护设施

宜选用建造规范、性能优良、安全生产能力强的日光温室。

2.2 栽培季节

7月下旬至8月下旬播种育苗，8月下旬至9月下旬定植。12月开始采摘，采收期6个月以上。

2.3 品种选择

选用耐低温弱光、连续结果能力强、抗病特别是抗黄化曲叶病毒病和叶霉病、优质、高产、耐贮运、商品性好、适应市场需求的品种。

2.4 育苗

2.4.1 选择育苗方法

建议农户从育苗企业订购优质种苗。自行育苗可作高畦或采用穴盘育苗，并防虫和采用防雨棚遮阴。

2.4.2 配制营养土

选用肥沃大田土6份，腐熟有机肥4份，混合过筛。每立方米营养土加腐熟捣细的鸡粪 15kg、氮磷钾三元复合肥（15-15-15）3kg、50％多菌灵可湿性粉剂 100g，充分混合均匀。将配制好的营养土均匀铺于播种床上，厚度 10cm。也可购买商品育苗基质穴盘育苗。

2.4.3 种子处理

2.4.3.1 温汤浸种

把种子放入 55℃水中，不断搅拌，维持水温浸泡 10～15min。当水温降至 30℃时停止搅拌，再浸泡 3～4h。

2.4.3.2 药剂处理

将种子放入 10％磷酸三钠溶液中浸泡 20min，或用 50％多菌灵可湿性粉剂 500 倍液浸种 30min，捞出洗净后，再用温水浸泡 6～8h。

2.4.3.3 催芽

浸泡后的种子置于 25～28℃条件下催芽。

2.4.4 播种

2.4.4.1 播种量

根据种子大小及定植密度，每 667m^2 面积用种量 20～30g。

2.4.4.2 播种方法

当催芽种子 70％以上破嘴（露白）即可播种。包衣种子可直接播种。播前苗床浇足底水，湿润至床土深 10cm。水渗下后用营养土薄撒一层，找平床面，均匀撒播。播后覆营养土 0.8～1.0cm。每平方米苗床再用 50% 多菌灵可湿性粉剂 8g，拌上细土均匀薄撒于床面上，预防猝倒病。床面上覆盖遮阳网或稻（麦）草，70% 幼苗顶土时撤除床面覆盖物。

2.4.5 苗期管理

高温季节适当遮阴降温。1 叶 1 心时喷一遍助壮素。2～3 片真叶分苗。将幼苗分入事先准备好的分苗床，行距 12cm，株距 12cm；也可分入直径 10～12cm 的营养钵中。分苗后缓苗期间，午间适当遮阴，白天床温 25～30℃，夜间 18～20℃。缓苗后，白天 25℃ 左右，夜间 15～18℃。定植前数天，适当降低床温锻炼秧苗。

2.4.6 定植苗标准

叶色浓绿，无病虫危害，6 片叶，株高 20cm 左右，茎粗 0.4cm 左右，苗龄 25～30d。穴盘育苗 4～5 片叶为宜。

2.5 定植前准备

2.5.1 土壤消毒

可用石灰氮或棉隆进行土壤消毒。

2.5.2 整地施基肥

定植前 10～15d，施肥后深翻耙平。根据土壤肥力确定相应的施肥量和施肥方法，可以采用测土配方施肥或推荐施肥量。每 667m² 推荐施肥量：7～8m³ 腐熟农家肥或 5～6m³ 腐熟鸡粪，50～60kg 氮磷钾三元复合肥（15-15-15），80kg 过磷酸钙。高肥力的土壤取下限，低肥力的土壤取上限。基肥以撒施为主，深翻25～30cm。

2.6 定植

采用大小行、小高垄方式栽植，大行距 90cm，小行距 60cm，起小高垄，底宽 40cm 左右，高 20cm。株距 35～40cm，每 667m² 定植 2000～2200 株。穴盘苗可采用秒栽器进行移栽，省时省力。栽苗后，浇透水。为防止茎基腐病发生，暂不覆盖地膜。

2.7 田间管理

2.7.1 冬前及越冬期间管理

2.7.1.1 温湿度管理

缓苗前，白天室温 28～30℃，夜间 17～20℃，地温不低于 15℃，以促进缓苗。缓苗后，适当降低室温，白天 22～26℃，夜间 15～18℃。晴天，午间温度达30℃时，可开天窗放风。若天气晴好，室内湿度较大时，可于揭苫后随即放风 30～40min，然后盖严放风口。另外可通过地面覆盖、滴灌或暗灌等措施，尽可能把温室内的空气湿度控制在最佳指标范围。

2.7.1.2　光照管理

采用透光性好的耐候功能膜，冬春季节保持膜面清洁。上午揭草苫的适宜时间，以揭开草苫后室内气温无明显下降为准。晴天时，阳光照到采光屋面时及时揭开草苫。下午室温降至 20℃左右时盖苫。深冬季节，草苫可适当晚揭早盖。一般雨雪天，室内气温只要不下降，就应揭开草苫。大雪天，及时清扫积雪，可于中午短时揭开或随揭随盖。连续阴天时，可于午前揭苫，午后早盖。久阴乍晴时，要陆续间隔揭开草苫，不能猛然全部揭开，以免叶面灼伤。揭苫后若植株叶片发生萎蔫，应再盖苫。待植株恢复正常，再间隔揭苫。冬季光照弱时，可用植物生长灯进行补光，并在日光温室后部张挂反光幕，尽量增加光照强度和时间。

2.7.1.3　植株调整

采用单干整枝，当杈长到 5cm 左右长时要及时打掉，当植株长到 30cm 高时要及时吊秧、绑秧。第一穗果绿熟期后，摘除其下全部叶片，并及时摘除枯黄有病斑的叶子和老叶。摘除的叶片集中深埋或销毁。

2.7.1.4　肥水管理

缓苗后到坐果前，要控制浇水，多次中耕，以促根控秧，防止植株茎叶旺长。第一花序的果似核桃大时，在畦侧开沟，每 $667m^2$ 施氮磷钾三元复合肥（15-15-15）30～40kg，覆土后再覆盖地膜，并于膜下浇水，尽量浇透。深冬期间少浇水，若植株表现缺水时，可选好天于高畦中间膜下浇水，随水每 $667m^2$ 冲施尿素15kg、硫酸钾 10kg，或施用冲施肥。

2.7.1.5　二氧化碳施肥

冬春季节可选用大棚植物增产器等增施二氧化碳气肥，使设施内的浓度达到 $1000～15000\mu L/L$。

2.7.1.6　保花保果

第一花序坐果前后，为防止低温引起落花落果，可用 30～40mg/kg 的防落素喷花。也可用电动授粉器辅助授粉，具有提高品质、节省劳动力、避免激素残留的效果。果坐住后，适当疏花疏果，每个果穗留 3～4 个果。

2.7.2　越冬后管理

2.7.2.1　温光管理

2 月中旬以后，随日照时数逐渐增加，适当早揭草苫、晚盖草苫，尽量延长植株见光时间。及时进行放风。晴天时，上午温度控制在 25～28℃、下午 25～20℃、夜间 20～15℃。阴雨天，白天温度控制在 25～20℃、夜间 15～10℃。

2.7.2.2　肥水管理

2 月中旬至 3 月中旬，15d 左右浇 1 次水，随水每 $667m^2$ 冲施氮磷钾三元复合肥（15-15-15）20kg。3 月中旬后，7～10d 浇一次水，不浇空水，随水每次每 667m² 施氮磷钾三元复合肥（15-15-15）10kg。

2.7.2.3 植株调整

及时打老叶，并适时落蔓，当最上目标果穗开花时留 2 片叶摘心。也可以采用连续摘心整枝法进行整枝。

3 病虫害防治

3.1 主要病虫害

3.1.1 苗床主要病虫害

猝倒病、立枯病、早疫病，蚜虫。

3.1.2 田间主要病虫害

灰霉病、晚疫病、叶霉病、早疫病、青枯病、溃疡病、根结线虫病、病毒病，蚜虫、美洲斑潜蝇、白粉虱、烟粉虱、棉铃虫。

3.2 防治原则

按照"预防为主，综合防治"的植保方针，坚持"以农业防治、物理防治、生物防治为主，化学防治为辅"的原则。

3.3 农业防治

与非茄科作物轮作 3 年以上；针对当地主要病虫控制对象，选用高抗多抗的品种；培育适龄壮苗，提高抗逆性；及时清洁田园；合理浇水，加强通风和植株调整，降低空气湿度；施用充分腐熟的有机肥。

3.4　物理防治

3.4.1　设置防虫网

在温室的通风口用 40 目防虫网封闭，减轻虫害的发生。

3.4.2　黄板诱杀

温室内每 $667m^2$ 悬挂 $30\sim40$ 块黄色黏虫板或黄色板条（$25cm\times40cm$），其上涂上一层机油，可诱杀蚜虫、白粉虱、斑潜蝇等害虫。悬挂高度与植株顶部持平或高出 $5\sim10cm$。

3.4.3　银灰膜驱避蚜虫

在日光温室内铺银灰色地膜或张挂银灰膜膜条驱避蚜虫。

3.5　生物防治

3.5.1　积极保护利用天敌，如捕食螨、寄生蜂等，防治病虫害。

3.5.2　生物药剂防治

3.5.2.1　猝倒病、立枯病

可用 3 亿 CFU/g 哈茨木霉菌可湿性粉剂 $4\sim6g/m^2$

苗床灌根防治猝倒病、立枯病；用1亿个活芽孢/g枯草芽孢杆菌微囊粒剂100~167g/667m² 喷雾防治立枯病。

3.5.2.2　灰霉病

用2亿个孢子/g木霉菌可湿性粉剂125~250g/667m² 喷雾防治灰霉病。

3.5.2.3　晚疫病

用1.5%多抗霉素可湿性粉剂75倍液，或5%氨基寡糖素水剂23~25mL/667m²，或2%几丁聚糖水剂125~150mL/667m² 喷雾防治晚疫病。

3.5.2.4　叶霉病

用2%春雷霉素水剂140~175mL/667m²，或5%多抗霉素水剂75~112mL/667m² 喷雾防治叶霉病。

3.5.2.5　青枯病

用5亿CFU/g荧光假单胞杆菌颗粒剂300~600倍液灌根，或50亿CFU/g多黏类芽孢杆菌1000~1500倍泼浇或灌根，或3%中生菌素可湿性粉剂600~800倍液灌根防治青枯病。

3.5.2.6　根结线虫

用2亿CFU/mL嗜硫小红卵菌HNI-1悬浮剂400~600mL/667m² 灌根，或10亿CFU/mL蜡质芽孢杆菌悬浮剂4.5~6L/667m² 灌根，或5亿活孢子/g淡紫拟青霉颗粒剂2500~3000g/667m² 沟施或穴施，防治根结线虫病。

3.5.2.7　病毒病

用5%氨基寡糖素水剂86~107mL/667m²，或2%

香菇多糖水剂 $35\sim45\text{mL}/667\text{m}^2$，或 0.06% 甾烯醇微乳剂 $30\sim60\text{mL}/667\text{m}^2$，或 20% 丁子香酚水乳剂 $30\sim45\text{mL}/667\text{m}^2$，或 8% 宁南霉素水剂 $75\sim100\text{g}/667\text{m}^2$ 喷雾防治病毒病。

3.5.2.8　蚜虫

用 1.5% 苦参碱可溶液剂 $30\sim40\text{mL}/667\text{m}^2$ 喷雾防治蚜虫。

3.6　化学防治

严禁使用剧毒、高毒、高残留农药和国家规定在无公害食品蔬菜生产上禁止使用的农药。交替使用农药，并严格控制农药安全间隔期，采收前 7d 严禁使用化学杀虫剂。主要病虫害化学防治用药方法见附录 A。

4　采收

远途运输的番茄于果实转色期至半熟期采收，耐贮运品种也可于果实半熟期至坚熟期采收。

5　包装及贮运

5.1　包装物上应标明无公害农产品标志、产品名称、产品的标准编号、生产者名称、产地、规格、净含量和包装日期等。

5.2　包装（箱、筐）要求大小一致、牢固。包装容器应保持干燥、清洁、无污染。

5.3　应按同一品种、同规格分别包装。每批产品包装规格、单位、质量应一致。

5.4　番茄运输前应进行预冷。运输时做到轻装、轻卸、严防机械损伤。运输工具要清洁、无污染。运输中要注意防冻、防晒、防雨淋和通风换气。

5.5　贮存应在阴凉、通风、清洁、卫生的条件下，按品种、规格分别贮藏，防日晒、雨淋、冻害、病虫害、机械损伤及有毒物质的污染。适宜贮存条件为：温度6～10℃，空气相对湿度90%。

附录 A
主要病虫害化学防治用药方法

主要防治对象	农药名称	使用方法	安全间隔期/d
猝倒病立枯病	60%硫磺·敌磺钠可湿性粉剂	6～10g/m² 撒施于土壤	
灰霉病	50%异菌脲可湿性粉剂	50～100g/667m² 喷雾	2
	50%腐霉利可湿性粉剂	50～100g/667m² 喷雾	14
	40%嘧霉胺悬浮剂	78～94mL/667m² 喷雾	7
早疫病	50%异菌脲可湿性粉剂	50～100g/667m² 喷雾	2
	70%代森锰锌可湿性粉剂	175～225g/667m² 喷雾	15
	75%百菌清可湿性粉剂	200～250g/667m² 喷雾	7
晚疫病	70%丙森锌可湿性粉剂	180～220g/667m² 喷雾	7
	250g/L嘧菌酯悬浮剂	60～90mL/667m² 喷雾	5
	75%百菌清水分散粒剂	100～130mL/667m² 喷雾	7
叶霉病	50%甲基硫菌灵可湿性粉剂	50～75g/667m² 喷雾	3
	10%氟硅唑水乳剂	40～50mL/667m² 喷雾	3
	250g/L嘧菌酯悬浮剂	60～90mL/667m² 喷雾	5
青枯病	30%噻森铜悬浮剂	67～107mL/667m² 灌根或茎基部喷雾	5

续表

主要防治对象	农药名称	使用方法	安全间隔期/d
溃疡病	46%氢氧化铜水分散粒剂 77%硫酸铜钙可湿性粉剂	30～40g/667m² 喷雾 100～120g/667m² 喷雾	5 7
根结线虫病	10%噻唑膦颗粒剂 50%氰氨化钙颗粒剂 41.7%氟吡菌酰胺悬浮剂	1500～2000g/667m² 撒施或沟施 48～64kg/667m² 沟施 0.024～0.030mL/株	定植前 定植前 定植时
病毒病	80%盐酸吗啉胍可湿性粉剂 60%吗胍·乙酸铜水分散粒剂	60～70g/667m² 喷雾 60～80g/667m² 喷雾	5 5
蚜虫	10%溴氰虫酰胺可分散油悬浮剂 20%氰戊菊酯乳油 10%氯菊酯乳油	33.3～40mL/667m² 喷雾 20～40g/667m² 喷雾 4000～10000 倍喷雾	3 12 2
美洲斑潜蝇	10%溴氰虫酰胺可分散油悬浮剂 4.5%高效氯氰菊酯乳油	14～18mL/667m² 喷雾 28～33mL/667m² 喷雾	3 3
白粉虱	25g/L 联苯菊酯乳油 200g/L 吡虫啉可溶液剂 21%噻虫嗪悬浮剂	20～40mL/667m² 喷雾 15～20mL/667m² 喷雾 15～20mL/667m² 喷雾	4 3 5
烟粉虱	10%溴氰虫酰胺可分散油悬浮剂 40%螺虫乙酯悬浮剂 50%噻虫胺水分散粒剂	33.3～40mL/667m² 喷雾 12～18mL/667m² 喷雾 6～8g/667m² 喷雾	3 5 1
棉铃虫	10%溴氰虫酰胺可分散油悬浮剂 2%甲氨基阿维菌素苯甲酸盐乳油 50g/L 虱螨脲乳油	14～18mL/667m² 喷雾 28.5～38mL/667m² 喷雾 50～60mL/667m² 喷雾	3 7 7

第八节　日光温室辣椒生产技术

1　产地环境条件

应选择地势高燥、排灌方便、地下水位较低、土层深厚疏松的壤土地块。

2　生产技术

2.1　保护设施

宜选用建造规范、性能优良、安全生产能力强的日光温室。

2.2　栽培季节

一般 7 月中下旬至 8 月上旬播种育苗，8 月下旬至 9 月上中旬定植。

2.3　品种选择

选用抗病、优质、高产、耐寒、耐低温、耐贮运、商品性好、适应当地市场需求的品种。

2.4　育苗

2.4.1　种苗

建议农户从育苗企业订购优质种苗。可作高畦或采用穴盘育苗，并采用防虫、防雨棚遮阴。

2.4.2　配制营养土

消毒大田土 6 份，腐熟优质农家肥 4 份，过筛后，每立方米加入氮磷钾三元复合肥（15-15-15）1.5kg，混合均匀。将配制好的营养土均匀铺于播种床上，厚度10cm。每种植 $667m^2$ 需播种床 $8\sim10m^2$。也可购买商品育苗基质穴盘育苗。

2.4.3　种子处理

2.4.3.1　温汤浸种

把种子放入 $55℃$ 水中，不断搅拌，维持水温浸泡 $10\sim15min$。当水温降至 $30℃$ 时停止搅拌，再浸泡 $6h$。

2.4.3.2　药剂处理

将种子放入 10% 磷酸三钠溶液中常温浸泡 $20min$，或用 50% 多菌灵可湿性粉剂 500 倍液浸种 $2h$，或用 300 倍福尔马林溶液浸种 $30min$，捞出洗净后，浸种催芽。

2.4.3.3　催芽

将浸好的种子放在 $28\sim30℃$ 温度下催芽，每天淘洗 1 次，经 $3\sim4d$，有 70% 的种子出芽时，即可播种。包衣的种子不用浸种。

2.4.3.4　播种

每 $667m^2$ 用种量 $75\sim100g$。播种前浇足底水，撒播种子后覆土 $1.0\sim1.5cm$。每平方米苗床再用 50% 多菌灵可湿性粉剂 $8g$，拌上细土均匀薄撒于床面上，预防猝倒病。床面覆盖遮阳网或稻（麦）草，保持苗床白天 $25\sim30℃$，夜间 $20℃$ 左右。70% 幼苗顶土时撤除床面覆盖物。

2.4.4　苗期管理

播种苗床棚顶覆盖薄膜，周边用防虫网封严，中午前后阳光强时棚顶再覆盖遮阳网，达到防雨、防虫、降温的目的。苗期应适当浇水，并配合中耕松土保墒。3～4片真叶时用营养钵分苗。发现病苗要立即拔除，带出苗床深埋，并处理病穴。分苗后仍需注意防虫、防病、防雨和防高温。

2.4.5　壮苗指标

5～6片真叶，株高15～20cm，叶色浓绿，茎秆粗状，节间短，根系发达，无病虫和机械损伤。

2.5　整地施基肥

每667m^{2}施用优质腐熟的圈肥5～7m^3，过磷酸钙50kg，硫酸钾10～20kg，深耕25cm左右，整平作垄。采用南北向大小行小高垄栽培，大行距80cm，小行距60cm。垄底宽40cm，高10～15cm。定植前两天覆盖棚膜。

2.6　定植

垄上开沟放水，按株距40cm栽植，待水渗下后封沟。穴盘苗可采用秒栽器进行移栽。每667m^{2}栽植2500株左右。

2.7　田间管理

2.7.1　冬前及越冬期间管理

2.7.1.1　温湿度管理

缓苗期白天保持室温25～30℃，夜间18～22℃。缓

苗后至深冬前，白天温度控制在 25～28℃，夜间 15～
20℃，白天室温达 28℃时要放风。草苫的揭盖以室内温
度为依据，若夜温过高，可早揭晚盖草苫；12 月下旬至
2 月上旬，注意加强保温，白天温度达 30℃时放风，实
行"高温养果"。夜间室内最低温度保持在 12℃以上。
若天气晴好，室内湿度较大时，可于揭苫后随即放风
30～40min，然后盖严放风口。另外可通过地面覆盖、
滴灌或暗灌等措施，尽可能把温室内的空气湿度控制在
最佳指标范围。

2.7.1.2　光照管理

采用透光性好的耐候功能膜，冬春季节保持膜面清
洁。上午揭草苫的适宜时间，以揭开草苫后室内气温无
明显下降为准。晴天时，阳光照到采光屋面时及时揭开
草苫。下午室温降至 20℃左右时盖苫。深冬季节，草苫
可适当晚揭早盖。一般雨雪天，室内气温只要不下降，
就应揭开草苫。大雪天，可在清扫积雪后于中午短时揭
开或随揭随盖。连续阴天时，可于午前揭苫，午后早盖。
久阴乍晴时，要陆续间隔揭开草苫，不能猛然全部揭开，
以免叶面灼伤。揭苫后若植株叶片发生萎蔫，应再盖苫。
待植株恢复正常，再间隔揭苫。冬季光照弱时，可用植
物生长灯进行补光，并在日光温室后部张挂反光幕，尽
量增加光照强度和时间。

2.7.1.3　肥水管理

定植时浇足底水，缓苗后至坐果前适当控制浇水，
多次中耕，以促根控秧。对椒坐住后，在行间开浅沟，

每 $667m^2$ 追施氮磷钾三元复合肥（15-15-15）40kg。施肥后稍加培土，敷平垄面，覆盖地膜，于膜下灌透水。深冬季节每隔 20d 左右追肥浇水 1 次，每次每 $667m^2$ 施用磷酸二铵 $15\sim20$kg 和硫酸钾（或氯化钾）10kg。结合喷药可用 0.3% 的磷酸二氢钾进行叶面追肥。

2.7.1.4　整枝

实行三干或四干整枝。及时摘除植株主干下部的黄叶、病叶。春节前后疏掉过密或无效侧枝。

2.7.2　越冬后管理

2.7.2.1　温湿度管理

2 月中旬以后，逐渐加大放风量，晴天中午室内气温不要超过 30℃。当室外夜间最低温度达 15℃ 以上时要昼夜放风。

2.7.2.2　肥水管理

3 月上旬以后，浇水次数逐渐增加，$12\sim15$d 浇 1 次水。4 月中旬以后，每 10d 左右浇 1 次水，浇水量以垄高的 2/3 为宜，不可大水漫灌。每水每 $667m^2$ 追施磷酸二铵 $5\sim8$kg，或 25kg 发酵好的豆饼水。

3　病虫害防治

3.1　主要病虫害

3.1.1　苗床主要病虫害

猝倒病、立枯病、灰霉病、茎基腐病、疫病，蚜虫。

3.1.2　田间主要病虫害

灰霉病、疫病、炭疽病、枯萎病、白粉病、病毒病，蚜虫、白粉虱、蓟马、烟青虫、茶黄螨、甜菜夜蛾、棉铃虫。

3.2　防治原则

按照"预防为主，综合防治"的植保方针，坚持"以农业防治、物理防治、生物防治为主，化学防治为辅"的无害化治理原则。

3.3　农业防治

与非茄科作物轮作 3 年以上；针对当地主要病虫控制对象，选用高抗多抗的品种；培育适龄壮苗，提高抗逆性；及时清洁田园；合理浇水，加强通风和植株调整，降低空气湿度；增施充分腐熟的有机肥。

3.4　物理防治

3.4.1　设置防虫网

在温室的通风口用 40 目防虫网封闭，减轻虫害的发生。

3.4.2　黄板诱杀

温室内每 $667m^2$ 间隔悬挂 30～40 块黄色和蓝色黏虫板（25cm×40cm），诱杀蚜虫、白粉虱、斑潜蝇、蓟马等害虫。悬挂高度与植株顶部持平或高出 5～10cm。

3.4.3　银灰膜驱避蚜虫

在日光温室内铺银灰色地膜或张挂银灰膜膜条驱避蚜虫。

3.5　生物防治

3.5.1　保护利用瓢虫、寄生蜂等天敌。

3.5.2　生物药剂防治

3.5.2.1　立枯病

可用 24% 井冈霉素水剂 0.4～0.6mL/m^2 泼浇苗床防治立枯病。

3.5.2.2　茎腐病

用 2 亿孢子/g 木霉菌可湿性粉剂 4～6g/m^2 灌根防治茎基腐病。

3.5.2.3　疫病

用 5 亿 CFU/mL 侧孢短芽孢杆菌 A60 悬浮剂 50～60mL/667m^2，或 1% 申嗪霉素悬浮剂 50～120mL/667m^2 喷雾防治疫病。

3.5.2.4　枯萎病

用 100 亿个/g 枯草芽孢杆菌可湿性粉剂 200～250g/667m^2 灌根防治枯萎病。

3.5.2.5　病毒病

用 0.06% 甾烯醇微乳剂 30～60mL/667m^2，或

0.5%香菇多糖水剂 $300\sim400\text{mL}/667\text{m}^2$，或 2%宁南霉素水剂 $300\sim417\text{mL}/667\text{m}^2$，或 5%氨基寡糖素水剂 $35\sim50\text{mL}/667\text{m}^2$ 喷雾防治病毒病。

3.5.2.6　蚜虫

用 1.5%苦参碱可溶液剂 $30\sim40\text{mL}/667\text{m}^2$ 喷雾防治蚜虫。

3.5.2.7　蓟马

用 150 亿孢子/g 球孢白僵菌可湿性粉剂 $160\sim200\text{g}/667\text{m}^2$ 喷雾防治蓟马。

3.5.2.8　烟青虫

用 16000IU/mg 苏云金杆菌可湿性粉剂 $50\sim75\text{g}/667\text{m}^2$，或 600 亿 PIB/g 棉铃虫核型多角体病毒水分散粒剂 $2\sim4\text{g}/667\text{m}^2$ 喷雾防治烟青虫。

3.5.2.9　甜菜夜蛾

用 1%苦皮藤素水乳剂 $90\sim120\text{mL}/667\text{m}^2$，或 300 亿 PIB/g 甜菜夜蛾核型多角体病毒水分散粒剂 $2\sim5\text{g}/667\text{m}^2$ 喷雾防治甜菜夜蛾。

3.6　化学防治

3.6.1　农药使用原则

严禁使用剧毒、高毒、高残留农药和国家规定在无公害食品蔬菜生产上禁止使用的农药。交替使用农药，并严格控制农药安全间隔期。

3.6.2 猝倒病

发现病株，立即拔除。可用 30％霜霉·噁霉灵水剂 300～400 倍液浸种，或 30％精甲·噁霉灵水剂 30～45mL/667m² 苗床喷雾。

3.6.3 立枯病

可用 50％异菌脲可湿性粉剂 2～4g/m²，或 30％噁霉灵水剂 2.5～3.5g/m² 泼浇苗床。

3.6.4 灰霉病

发病初期可用 50％咪鲜胺锰盐可湿性粉剂 30～40g/667m² 喷雾防治。

3.6.5 疫病

发病初期可用 80％代森锰锌可湿性粉剂 150～210g/667m²，或 500g/L 氟啶胺悬浮剂 25～35mL/667m²，或 50％嘧菌酯水分散粒剂 20～36g/667m² 喷雾防治。

3.6.6 炭疽病

发病初期可用 86％波尔多液水分散粒剂 375～625 倍液，或 80％代森锰锌可湿性粉剂 150～210g/667m²，或 10％苯醚甲环唑水分散粒剂 65～80g/667m² 喷雾防治。

3.6.7　枯萎病

发病初期可用 25％咪鲜胺乳油 500～750 倍液喷雾防治。

3.6.8　白粉病

发病初期可用 12％苯甲・氟酰胺悬浮剂 40～67mL/667m^2，或 25％咪鲜胺乳油 50～62.5g/667m^2 喷雾防治。

3.6.9　病毒病

发病初期可用 20％吗胍・乙酸铜可湿性粉剂 120～150g/667m^2，或 1.2％辛菌胺醋酸盐水剂 200～300mL/667m^2，或 50％氯溴异氰尿酸可溶粉剂 60～70g/667m^2 喷雾防治。

3.6.10　蚜虫

可用 10％溴氰虫酰胺悬乳剂 30～40mL/667m^2，或 14％氯虫・高氯氟微囊悬浮-悬浮剂 15～20mL/667m^2，或 10％氯菊酯乳油 4000～10000 倍液喷雾。

3.6.11　白粉虱

可用 10％溴氰虫酰胺悬乳剂 50～60mL/667m^2 喷雾，或用 22％联苯・噻虫嗪悬乳剂 20～40mL/667m^2 喷雾，或用 25％噻虫嗪水分散粒剂 2000～4000 倍液灌根防治。

3.6.12　蓟马

可用 10％溴氰虫酰胺悬乳剂 40～50mL/667m^2，或用 21％噻虫嗪悬浮剂 10～18mL/667m^2 喷雾。

3.6.13　烟青虫

用 2％甲氨基阿维菌素苯甲酸盐微乳剂 5～10mL/667m^2，或 4.5％高效氯氰菊酯乳油 35～50mL/667m^2，或 14％氯虫·高氯氟微囊悬浮-悬浮剂 15～20mL/667m^2 喷雾。

3.6.14　茶黄螨

可用 43％联苯肼酯悬浮剂 20～30mL/667m^2 喷雾防治。

3.6.15　甜菜夜蛾

可用 5％氯虫苯甲酰胺悬浮剂 30～60mL/667m^2 喷雾防治。

3.6.16　棉铃虫

可用 10％溴氰虫酰胺悬乳剂 10～30mL/667m^2，或用 5％氯虫苯甲酰胺悬浮剂 30～60mL/667m^2 喷雾。

4　采收

果实达商品成熟时须及时采收，注意适当早收门椒、对椒，以防止坠秧。

5　包装及贮运

5.1　包装物上应标明无公害农产品标志、产品名称、产品的标准编号、生产者名称、产地、规格、净含量和包装日期等。

5.2　包装（箱、筐）要求大小一致、牢固。包装容器应保持干燥、清洁、无污染。

5.3　应按同一品种、同规格分别包装。每批产品包装规格、单位、质量应一致。

5.4　鲜辣椒运输前应进行预冷。运输时做到轻装、轻卸、严防机械损伤。运输工具要清洁、无污染。运输中要注意防冻、防晒、防雨淋和通风换气。

5.5　贮存应在阴凉、通风、清洁、卫生的条件下，按品种、规格分别贮藏，防日晒、雨淋、冻害、病虫害、机械损伤及有毒物质的污染。适宜的贮存条件为：温度 $8{\sim}10℃$，空气相对湿度 $85\%{\sim}90\%$。

第九节　日光温室早春茬黄瓜生产技术

1　产地环境

选择土地平整、土层深厚、地力肥沃、土质疏松、排灌良好的地块。

2　栽培技术

2.1　日光温室规格

建造结构合理、性能优良、适合当地条件的山东Ⅳ型、Ⅴ型节能日光温室。

2.2　栽培季节

日光温室早春茬黄瓜一般12月下旬至1月上旬播种育苗，2月中下旬定植，3月下旬至6月上中旬采摘，采收期3个月以上。

2.3　品种选择

设施早春茬黄瓜应选用抗病、抗逆性强、耐低温弱光、优质、高产、商品性好、符合市场需求的品种；砧木选用根系发达，高抗土传病害，抗逆性强，与接穗亲和力强，且对接穗品质无不良影响的品种。

2.4　整地施肥做畦

2.4.1　整地施肥

定植前20d进行整地。每667m^{2}施商品有机肥2000～3000kg、氮磷钾三元复合肥（18-8-18）50kg，深耕耙细。

2.4.2　做畦

做成小高畦，畦内起双小垄。垄高20cm，垄底宽40cm，小垄间距50cm，两畦间大垄间距80cm。并做好排水沟。畦垄做好后覆盖地膜烤畦提温保墒。

2.5　定植

当棚内10cm土温稳定在10℃以上、夜间最低气温稳定在8～10℃即可定植。晴天上午，按株距30～35cm在垄上开穴，浇穴水，摆苗，水渗下时封穴。每667m²栽苗3300～3400株。定植4～5d后，在畦内小垄沟灌水。有滴灌设备者，先栽苗再浇水。

2.6　定植后管理

2.6.1　温度

定植后闭棚升温，促进缓苗。白天温度超过30℃放风，午后气温降到25℃以下闭风，夜间保持10～13℃。结果期棚内气温达35℃时放风降温。中后期外温升高，外温不低于15℃时昼夜通风。

2.6.2　肥水

定植缓苗后至坐瓜前，以控为主，植株表现缺水时，膜下浇小水，下午提前盖苫。采瓜初期5～7d浇一次小水。外界气温较低时，晴天上午浇水。进入结瓜盛期，植株蒸腾量增大，结瓜数多，通风量大，3～4d浇1次水，浇水量也随着增加，并隔一次水追一次肥，每667m²施氮磷钾三元复合肥（18-8-18）20～30kg、发酵豆饼60～70kg。复合肥与发酵饼肥交替使用。后期可用0.3%的尿素或磷酸二氢钾进行叶面追肥，壮秧防早衰；浇水在傍晚进行，降低夜温，加大昼夜温差。

2.6.3　植株调整

7~8 节以下不留瓜，促植株生长健壮。用尼龙绳或塑料绳吊蔓，及时落蔓。随绑蔓将卷须、雄花及下部的侧枝去掉。对瓜码密、易坐瓜的品种，适当疏掉部分幼瓜或雌花。及时摘除老叶、卷须、侧枝。

3　病虫害防治

3.1　防治原则

按照"预防为主，综合防治"的植保方针，坚持"以农业防治、物理防治、生物防治为主，化学防治为辅"的原则。

3.2　主要病虫害

主要病害有猝倒病、立枯病、霜霉病、灰霉病、白粉病、炭疽病、细菌性角斑病；主要虫害有蚜虫、粉虱和潜叶蝇。

3.3　农业防治

选用抗病性、适应性强的品种；实行 3 年以上的轮作；培育壮苗，起垄种植，合理密植，合理施肥浇水，勤除杂草、清洁田园，高温闷棚，降低病虫源数量；发现病株及时清除、带出田外深埋；增施充分腐熟的有机肥，提高植株抗性。

3.4　物理防治

3.4.1　黄板诱杀

棚内悬挂黄色黏虫板诱杀蚜虫等害虫。黄色黏虫板规格 25cm×40cm，每 667m^2 悬挂 30～40 块。

3.4.2　防虫网阻虫

棚室通风口处设置 40 目的尼龙网纱围护。

3.5　生物防治

采用天敌七星瓢虫、丽蚜小蜂防治蚜虫和白粉虱。

3.6　化学防治

3.6.1　防治原则

最后一次喷施农药应在收获安全间隔期前进行。

3.6.2　猝倒病

发病初期，可用 75％百菌清可湿性粉剂 600 倍液，或 72.2％霜霉威盐酸盐水剂 600 倍液，喷雾防治。

3.6.3　立枯病

发病初期，可用 75％百菌清可湿性粉剂 600 倍液，喷雾防治。

3.6.4　霜霉病

发病初期，可用 58％甲霜·锰锌可湿性粉剂 500 倍液，或72.2％霜霉威盐酸盐水剂600倍液，或72％霜脲·锰锌可湿性粉剂500～600倍液喷雾防治。

3.6.5　灰霉病

发病初期，可用50％嘧菌酯可湿性粉剂3000倍液，或40％嘧霉胺可湿性粉剂800～1200倍液，或50％扑海因可湿性粉剂1000～1500倍液，喷雾防治。

3.6.6　白粉病

发病初期，可用40％氟硅唑乳油8000～10000倍液，或10％苯醚甲环唑水分散粒剂1500～2000倍液，喷雾防治。

3.6.7　炭疽病

发病初期，可用65％甲霉灵可湿性粉剂1000～1500倍液，或70％甲基硫菌灵可湿性粉剂600～800倍液，喷雾防治。

3.6.8　细菌性角斑病

发病初期，可用77％氢氧化铜可湿性粉剂600～800倍液，喷雾防治。

3.6.9　蚜虫

可用20％吡虫啉可湿性粉剂2000倍液，或25％噻虫嗪水分散粒剂5000倍液，喷雾防治。

3.6.10　白粉虱

可用 10％噻嗪酮乳油 1000 倍液，或 25％灭螨猛乳油 1000 倍液，或 2.5％联苯菊酯乳油 3000 倍液，或 2.5％高效氯氟氰菊酯乳油 3000 倍液，或 20％甲氰菊酯乳油 2000 倍液喷雾防治。

3.6.11　斑潜蝇

可用 5％抑太保乳油 2000 倍液，或 5％甲氨基阿维菌素苯甲酸盐乳油 5000 倍液，或 2.5％溴氰菊酯乳油 1500～2000 倍液，喷雾防治。

4　采收

根瓜适时早摘，防坠秧。以后的嫩瓜及时采收。

5　运输及贮存

5.1　运输

运输工具应清洁、无污染。运输前应预冷。运输温度为 10～13℃，空气相对湿度为 80％～90％。运输时做到轻装、轻卸、严防机械损伤。

5.2　贮存

贮存时应按品种、等级、规格分别贮存，堆码时应保证气流均匀流通。适宜贮存温度为 11～13℃，空气相对湿度为 90％～95％。贮前应清扫库房并消毒灭菌，将库房温度降至适宜温度。不得与有毒有害物质混存。

6　生产废弃物处理

及时将田间的残枝、病叶、老化叶和杂草清理干净，集中进行无害化处理，保持田园清洁。农药包装瓶或袋收集后分类处理。

第十节　生姜生产技术

1　产地环境条件

宜选择地势平坦、土壤耕层深厚松软、土质肥沃、排灌方便、保水保肥力强、pH 5～7，前 2～3 年未种植姜科作物的壤土地块。

2　生产技术

2.1　姜种的选择和处理

2.1.1　姜种选择

选用抗病、优质丰产、抗逆性强、商品性好的品种。

姜种姜块应肥大饱满、皮色光亮、肉质新鲜不干缩、不腐烂、未受冻、质地硬、无病虫、无机械损伤。有条件的可选用脱毒姜种。

2.1.2　姜种处理

2.1.2.1　晒姜、困姜

播种前 30d 左右，选晴天，将精选好的姜种清水洗净后，平摊在背风向阳的平地上或草席上，晾晒 1～2d。傍晚收进室内或进行遮盖，以防夜间受冻；中午若日光强烈，应适当遮阴防暴晒。姜种晾晒 1～2d 后，将姜种堆于室内并盖上草帘，保持 11～16℃，堆放 2～3d。剔除瘦弱干瘪、质软变褐的劣质姜种。

2.1.2.2　浸种消毒

用草木灰浸出液浸种 20min 进行消毒，或用 1000 倍高锰酸钾水溶液浸种 10min。消毒后，用清水洗净姜种，晾干后催芽。

2.1.2.3　催芽

将消毒后的姜种，置于相对湿度 80%～85%，温度 22～25℃条件下催芽。待姜芽生长至 1～1.5cm 时备播。

2.1.2.4　掰姜种

播前，把已催好芽的姜块掰成 50～75g 重的小块，每块姜种上保留一个壮芽，少数姜块也可保留两个壮芽，其余幼芽全部掰除，伤口蘸草木灰或石灰粉后播种。按姜块大小和幼芽强弱进行分级，淘汰无芽姜块。

2.1.2.5　剔除病姜

在掰姜种过程中若发现幼芽基部发黑或姜块断面变

褐，应严格剔除。

2.2　整地、施基肥

前茬作物收获后，及时清除田园植株残体，带出田外集中处理。整地前每 667m^2 撒施腐熟有机肥 5m^3 左右，过磷酸钙 30～50kg，深翻 25cm 以上，整平耙细，四周挖好排水沟。播前按 65～70cm 行距开深 30cm、宽 40cm 的播种沟，沟内施入充分腐熟的豆饼（或腐熟大豆）75kg，生物有机肥 50kg，硫酸钾 15kg 或草木灰 100kg、锌肥 2kg、硼肥 1kg 做种肥，土肥充分混合后播种。

2.3　播种

2.3.1　播种时期

根据气象条件和保护设施，在 10cm 地温稳定在 15℃以上即可播种。生姜露地栽培一般在 4 月下旬播种；地膜或小拱棚覆盖栽培在 4 月上旬播种；大棚栽培在 3 月中下旬播种。

2.3.2　播种密度

采用沟种扶垄的栽培方式，行距 60～70cm，株距 20～22cm，每 667m^2 种植 4500～5500 株。高肥水田块密度小，低肥水田块密度适当加大。

2.3.3　播种方法

选择晴天的上午，种植沟内浇足底水，水渗下后，将姜种按株距水平排放在沟内，东西行向的，姜芽一律向南；南北行向的，姜芽一律向西。播种后随即覆土3～5cm。地膜覆盖栽培时，可用适幅的地膜直接覆盖，一幅地膜盖2沟；或在种植沟上拱成10～15cm高的小拱。

2.4　田间管理

2.4.1　破膜引苗

姜芽出土时，及时破膜引苗。

2.4.2　遮阴

姜苗长出3～4片叶时，及时进行姜田遮阴。可于姜沟一侧利用水泥柱、竹竿等材料搭成2m高的拱棚架，扣上遮光率为30%的遮阳网，或将宽幅60～65cm、遮光率为40%的遮阳网，成幅立式设置成网障固定于竹竿或木桩上遮阴。在植株封垄后，于立秋前后撤除遮阴物。

2.4.3　水分管理

播种时浇透底水，出苗前一般不浇水，苗出齐后视墒情浇1次小水，待2～3d后再浇1次水，然后中耕保墒，保持土壤见干见湿。幼苗期姜苗生长缓慢，生长量小，需水不多，一般不浇水，如遇干旱浇1次小水。进入旺盛生长期后，视墒情一般每4～6d浇1次水，使土壤保持湿润状态。收获前3～4d需浇1次水，以便收获时姜块带潮湿泥土，有利下窖贮藏。整个生长期间若遇雨涝，应及时排水，以防姜瘟病发生。

2.4.4　追肥

在苗高 30cm 左右，植株具 1～2 个分枝时，进行第一次追肥；每 667m² 施尿素 10～15kg。"三马杈"后生长量与需肥量陡增，应结合拔姜草进行第二次追肥；每 667m² 可施腐熟有机肥 1000kg，另加氮磷钾（15-15-15）复合肥 50kg，追肥可于姜苗一侧距植株 15～20cm 处开沟施入，然后覆土封沟。当植株具 6～8 个分枝时，正值根茎膨大期进行第三次追肥，每 667m² 可追施氮磷钾（15-15-15）复合肥 20～25kg。

2.4.5　除草

生姜出苗后，到植株封垄前，结合浇水，中耕 1～2 次，并及时清除杂草。进入旺盛生长期，应减少中耕次数，中耕宜浅不宜深，以免伤根。用化学药剂除草可参照 DB37/T 1839 执行。

2.4.6　培土

在姜生育过程中应多次培土，一般于立秋前后结合撤除遮阴材料和第二次追肥进行第一次培土，变沟为垄。结合施肥进行第二次、第三次培土，逐渐使垄面加厚加宽，适时补培。

2.4.7　扣棚保护

秋后可进行扣棚保护延迟栽培。初霜前在姜田搭起拱棚，扣上棚膜，可使生姜生长期延长 30d 左右。

3 病虫害防治

3.1 主要病虫害

腐烂病、姜瘟病、炭疽病、玉米螟、甜菜夜蛾、姜蛆（异形眼蕈蚊）。

3.2 防治原则

按照"预防为主，综合防治"的植保方针，坚持"以农业防治、物理防治、生物防治为主，化学防治为辅"的原则。注意轮换交替使用药剂，严格控制农药的安全间隔期。

3.3 农业防治

实行 3 年以上轮作；避免连作或前茬为茄科植物；根据当地病虫害发生情况因地制宜选用抗、耐病品种；精选健康无病姜种，有条件的可选用脱毒姜种；加强中耕除草，清洁田园，病株残体、病叶及时清理，并进行无害化处理。

3.4 物理防治

采用频振式杀虫灯（6000～10000m^2 设一盏）、糖醋液（糖：醋：白酒：90％敌百虫晶体：水＝1：1：0.2：0.1：10）等方法诱杀害虫成虫；使用防虫网阻隔害虫。

3.5　生物防治

3.5.1　保护天敌

应用化学防治时，尽量使用对害虫选择性强的药剂，避免或减轻对天敌的杀伤作用。

3.5.2　释放天敌

在姜玉米螟产卵始盛期和盛期释放赤眼蜂。

3.5.3　选用生物源药剂

防治姜瘟病可用 20 亿孢子/g 蜡质芽孢杆菌可湿性粉剂，每 100kg 种姜用 240～320g 制剂浸泡姜种 30min，或发病初期每 $667m^2$ 田间使用制剂 400～800g 顺垄灌根。

3.6　化学防治

3.6.1　腐烂病

用棉隆、氯化苦等进行土壤消毒，发现病株，及时拔除，并用 77% 硫酸铜钙可湿性粉剂 600～800 倍液在病株周围喷淋或灌根。

3.6.2　姜瘟病

用棉隆、氯化苦等进行土壤消毒；发现病株，及时拔除，并用 20％噻森铜悬浮剂 500～600 倍液灌根；或用 46％氢氧化铜水分散粒剂 1000～1500 倍液喷淋或灌根。

3.6.3　炭疽病

可选用 450g/L 咪鲜胺水乳剂 30～45mL/667m²，或 25％吡唑醚菌酯悬浮剂 20～30mL/667m²，或 25％嘧菌酯悬浮剂 40～60mL/667m² 喷雾。

3.6.4　玉米螟

可用 1.8％阿维菌素乳油 30～40mL/667m²，或用 5％甲氨基阿维菌素苯甲酸盐水分散粒剂 6～10g/667m² 喷雾。

3.6.5　甜菜夜蛾

可用 10％虫螨腈悬浮剂 36～48mL/667m²，或 15％茚虫威悬浮剂 25～35mL/667m²，或 5％甲氨基阿维菌素苯甲酸盐水分散粒剂 8～10g/667m² 喷雾。

3.6.6　姜蛆

生姜入窖前彻底清扫姜窖。入窖时每吨姜用 1％吡丙醚粉剂 1000～1500g 与细河砂按照 1∶10 比例混匀，或用 20％灭蝇胺可溶粉剂 50～75g 拌细沙 100kg，均匀撒施于生姜表面。

4　采收

4.1　采收时期

通常于 10 月中、下旬初霜到来之前收获。采用秋延迟栽培的可延后 1 个月采收。当姜茎叶开始枯黄，根茎饱满、坚挺、充分成熟，表皮呈浅黄色至黄褐色时，进行采收。用于加工的嫩姜，在根茎生长盛期收获。露地栽培的收获期一般在 10 月下旬，大棚延迟栽培一般在 11 上旬。

4.2　采收方法

收获前 3~4d 浇小水，使土壤充分湿润。将姜株拔出或刨出，轻轻抖掉泥土，然后从地上茎基部以上 2cm 处削去茎秆，摘除根须后，即可入窖（无需晾晒）或出售。采收的姜应尽快贮藏，不宜在田间过夜。采收时应避开雨天及烈日时段。

5　包装及贮运

5.1　包装物上应标明无公害农产品标志、产品名称、产品的标准编号、生产者名称、产地、规格、净含量和包装日期等。

5.2　包装（箱、筐）要求大小一致、牢固。包装容器应保持干燥、清洁、无污染。

5.3　应按同一品种、同规格分别包装。每批产品包装规格、单位、质量应一致。

5.4 姜运输前应进行预冷。运输时做到轻装、轻卸、严防机械损伤。运输工具要清洁、无污染。运输中要注意防冻、防晒、防雨淋和通风换气。

5.5 贮存应在阴凉、通风、清洁、卫生的条件下，按品种、规格分别贮藏，防日晒、雨淋、冻害、病虫害、机械损伤及有毒物质的污染。适宜贮存条件为：温度 $13\sim15℃$，空气相对湿度 $90\%\sim95\%$。

第十一节 大葱生产技术

1 产地环境

宜选择生态条件良好、无污染、排灌条件优、土层疏松的沙壤或壤土地块。

2 生产技术

2.1 品种选择

选用抗病、优质、高产、适应性广、适于当地消费习惯的优良品种。

2.2 育苗

2.2.1 秧苗质量

宜采用集约化育苗，商品苗的标准因品种、育苗时期等不同而有差异，一般为株高 18～20cm，茎粗 5～6mm，具有叶片 3～4 片，苗龄 40～50d，植株强壮，无病虫害。也可自行育苗，秧苗以达到上述标准为宜。

2.2.2　苗床准备

育苗床宜建在 3 年内未种植过葱蒜类蔬菜的地块。选择地势平坦，土壤疏松、有机质丰富、灌溉方便的壤土地块作床，床宽 1～1.2m，长度依地块和育苗量而定。苗床每平方米可施商品有机肥 4.5kg，硫酸钾 15kg，充分混匀。

2.2.3　育苗时期

播种模式有秋播和春播两种。秋播时间在 9 月底～10 月初，苗期 270d 左右；春播时间以 3 月底～4 月初为宜，苗期 100d 左右。秋播不可提前，春播不宜延迟。播种前用 55℃温水浸种约 20～30min，搅动消毒。

2.2.4　播种

选择晴好天气，对育苗畦进行小水慢浇，当水分充分浸透地面后，宜在畦面喷洒 800 倍液的多菌灵可湿性粉剂，种子掺入细土后，均匀撒播，再均匀覆盖事先准备的细土 1～2cm。覆盖后，适当撒播 3% 的辛硫磷颗粒剂诱杀害虫，每 667m^2 用种量为 400g 左右。

2.2.5　苗期管理

越冬前控制肥水，11 月底上冻前浇足冻水。越冬后的 2 月底或 3 月上旬开始返青，要适时浇返青水。结合灌水，每 $667m^2$ 可追施尿素 15kg，从返青到定植追肥 2～3 次，促使幼苗生长。间苗 2 次，保持苗距 4～7cm，每次间苗结合划锄浇水 1 次，及时拔除杂草。春播育苗 3 叶期以前要控水，促进根系发育，4 叶以后与秋苗管理相同。5～6 月为葱蓟马发生高峰期，要及时防治。雨水过大要及时排水。定植前 10d 停止浇水，进行干旱锻炼。

2.3 定植

2.3.1 施肥要求

大葱施肥推荐测土配方施肥，如无条件应以有机肥为主，每 $667m^2$ 宜施优质商品有机肥 300～400kg，翻耕耙平，按行距 60～80cm 开定植沟。沟深、沟宽均为 20～35cm，沟内集中施肥，每 $667m^2$ 施过磷酸钙 50kg 或三元复合肥（$N：P_2O_5：K_2O=15：15：15$）20kg、饼肥 50kg。

2.3.2 定植要求

大葱定植时间宜于 6 月中旬至 7 月上旬。定植时葱苗要按大小分级，先向沟内灌水，待水渗下后及时插葱，葱叶着生方向与行向垂直，有利于密植和通风透光，便于田间管理。株距 5～7cm，每 $667m^2$ 定植数量为 17000～20000 株。定植深度为 7～10cm，达到葱心为止。定植后可不浇水，干旱时小水浇灌，雨后及时排水。

2.4　定植后管理

2.4.1　越夏期管理

　　大葱定植后进入缓苗越夏期，管理重点为中耕松土除草，排除雨涝，保持好土壤的通透性，促使其根系恢复生长。此时不宜进行浇水。8月上旬后视天气情况适当浇 1 次水，并进行第一次追肥，每 $667m^2$ 追施尿素 10kg、硫酸钾 5kg。

2.4.2　葱白发育期管理

　　8 月中旬～10 月中旬是大葱旺盛生长的葱白发育形成期。初次浇水要掌握轻浇、早晚浇的原则，要经常保持土壤湿润，同时结合每 $667m^2$ 追尿素 15kg、硫酸钾 20kg、过磷酸钙 30kg。

2.4.3　葱白膨大期管理

　　进入葱白膨大期，要在 9 月上旬和 9 月下旬分别进行第 3 次和第 4 次浇水追肥，勤浇水、重浇水，每 $667m^2$ 每次追施尿素 10～15kg、硫酸钾 10～15kg、过磷酸钙 20kg。10 月中旬后，天气逐渐变凉，叶子生长缓慢，进入葱白充实期，此时需要小水勤浇，不可缺水，收获前 7～10d 停止浇水。

2.4.4　水肥一体化技术

2.4.4.1　浇水

　　大葱生产提倡采用水肥一体化技术，可采用微喷或滴管的形式。若采用微喷形式，将微喷带置于两行大葱之间；若采用滴管形式，将滴管带置于大葱根部，通过水肥一体化系统进行浇水及追肥。定植后浇一遍透水，水深为 $25\sim30cm$。

2.4.4.2　施肥

8 月上旬，随水冲施高氮水溶肥 $10kg/667m^2$。随后视天气情况，每 15d 左右冲肥 1 次，每次随水冲施平衡性水溶肥 $15\sim20kg/667m^2$，冲施 4 次，10 月上旬冲施最后 1 次。

2.5　培土

大葱在葱白生长期间，随葱白伸长可进行培土 4 次，宜每半个月 1 次。第 1 次培土是在生长盛期之前，培土约为沟深的一半；第 2 次培土是在生长盛期开始以后，培土与地面相平；第 3 次培土成浅垄；第 4 次培土成高垄，每次培土以不埋没葱心为度。

2.6　病虫害综合防控技术

2.6.1　防治原则

坚持预防为主、综合防治，采用"以农业防治、物理防治、生物防治为主，化学防治为辅"的防治原则。

2.6.2　主要病虫害

大葱的常发性病害主要有霜霉病、灰霉病、紫斑病、

锈病、软腐病等，虫害主要有根蛆（葱蝇）、潜叶蝇、蓟
马等。

2.6.3　农业防治

选用抗病品种；严格种子处理；合理密植；与非葱
类作物实行 2～3 年的轮作换茬；及时排水，增施磷、钾
肥，清洁田园，清除杂草残株，减少虫源等。

2.6.4　物理防治

用银灰色反光膜驱避蚜虫，用黑光灯、高压汞灯、
频振式杀虫灯和糖醋液诱杀蛾类、小地老虎、蝼蛄等。

2.6.5　生物防治

采用天敌防治技术，可用赤眼蜂防治地老虎、七星
瓢虫防治蚜虫和白粉虱等。

2.6.6　化学防治

2.6.6.1　霜霉病

在发病初期可用 72.2％普力克水剂 800 倍液，或
72％霜脲锰锌（克露）可湿性粉剂 500 倍液，或杀毒矾
M8 可湿性粉剂 500 倍液等喷雾防治。

2.6.6.2　灰霉病

在发病初期可用嘧霉胺（施加乐）悬浮剂、甲霉灵、
异菌脲（扑海因）或乙烯菌核利（农利灵）等可湿性粉
剂喷雾防治，轮换用药。

2.6.6.3　紫斑病

发病初期用异菌脲（扑海因）、福美双·异菌脲（利得）、百菌清、恶霜灵·代森锰锌（杀毒矾）、甲霜灵—代森锰锌等可湿性粉剂或氧氯化铜悬浮剂等喷雾，轮换用药。

2.6.6.4　锈病

发病初期用三唑酮、萎锈灵、丙环唑（金力士、敌力脱）等乳油或代森锰锌加三唑酮可湿性粉剂喷雾。

2.6.6.5　软腐病

发病初期用 60％DTM 或 77％可杀得可湿性粉剂 500 倍液，或 14％络氨铜水剂 300 倍液喷雾，视病情隔 7～10d 喷 1 次，连续防治 1～2 次。

2.6.6.6　根蛆（葱蝇）

成虫盛发期或蛹羽化盛期，用锐劲特悬浮喷雾；在上午 9～11 时用溴氰菊酯喷雾。

2.6.6.7　蓟马和潜叶蝇

可喷洒吡虫啉可湿性粉或啶虫脒、氰戊菊酯等乳油喷雾。

3　收获

10 月下旬～11 月上旬成熟，根据市场行情，在此期间随时收获销售。

4　包装、标识、贮存

4.1　标志

对已获准使用地理标志或绿色食品标志的，可在其产品或包装上加贴地理标志或绿色食品标志。

4.2　包装

4.2.1　总体要求

同一包装内的大葱等级、规格应一致。同时，包装材料、容器和方式的选择应满足：

① 保护大葱避免受到磕碰等机械损伤，减轻在贮藏、运输期间病害的传染。

② 方便装载、运输和销售。

③ 所用材质以环保、可回收利用或可降解材料为主。

4.2.2　包装类型

主要有运输包装和零售包装 2 种类型。

（1）运输包装

① 包装容器清洁平整、无污染、无异味，具有一定的保护性、防潮性和抗压性。必要时，包装容器内应有衬垫物。

② 包装方式应采用水平排列方式包装。

（2）零售包装

① 零售时可采用透明薄膜、聚乙烯袋等小包装销售。

② 也可采用一次性塑料托盘加透明保鲜膜的包装方式，防止大葱挤压受损。

4.3　贮藏

4.3.1　沟藏法

大葱收获后，就地晾晒数小时，除去根上的泥土，并剔除病株、伤株，捆成10kg左右的捆，在通风良好的地方堆放6d左右，使葱外表水分完全晾干。与此同时，选择背阴通风处挖沟，沟深33cm左右、宽150cm左右，长度以储量而定，沟距50～70cm。若沟底湿度小，可浇1次水，待水全部渗透后把葱一捆靠一捆地栽入沟内，使后一捆叶子盖于前一捆上部，用土埋严葱白部分。

4.3.2　埋藏法

将经晾晒、挑选、捆把后的大葱放在背阴的墙角或阴凉室内，墙角或室内地面铺一层湿土，葱的四周用湿土埋至葱叶处即可。

4.3.3　干藏法

将适时收获的大葱晾晒2～3d，敲落根上的泥土，剔除病株、伤株，待七成干时，扎成1kg左右的葱把，单层放在干燥通风处。

4.3.4　假植贮藏法

在地里挖一个浅平的坑，将收获的大葱除去伤株、病株，捆成小捆，假植在坑内，用土埋住葱根和葱白部分，埋好用水浇灌。

第十二节 胡萝卜生产技术

1 产地环境

宜选择生态条件良好、远离污染源、排灌方便、土层深厚疏松的沙壤或壤土地块。

2 生产技术

2.1 品种选择

选用抗病、优质丰产、抗逆性强、适应性广、商品性好的品种，春季栽培需选择耐抽薹品种。种子质量：种子纯度 $\geq 92\%$，净度 $\geq 85\%$，发芽率 $\geq 80\%$，水分 $\leq 10\%$。

2.2 整地施肥

整地深耕深度不少于 30cm 为宜，做到精耕细作，达到土壤细碎，地面平整，墒情良好。地势高燥、排水方便的地块宜平畦栽培，畦宽 1～1.5m，长 20m 左右。地势平坦、排水稍困难的地块，可做成宽矮垄，垄高 15～20cm，顶部宽 45～50cm，垄距 65～70cm，每垄播两行。起垄栽培，可加深土层，有利于肉质根生长。结合整地，每 $667m^2$ 施 $400\sim500kg$ 商品有机肥和 $25\sim30kg$ 过磷酸钙，为了防止地下害虫为害，在有机肥中适量掺入杀虫农药，对保全苗有良好效果。也可选用胡萝卜专用肥 $35\sim40kg$ 或三元复合肥（N：P_2O_5：$K_2O=$ 15：15：15）40kg 左右。

2.3　播种

胡萝卜主要为露地栽培，春、秋栽培均可，以秋季栽培为主。春播可于 3 月中旬至 4 月上旬，当 10cm 地温稳定在 $7\sim8℃$时播种，为提高地温，可进行地膜覆盖栽培。秋播可于 7 月中旬至下旬播种。播种量为 $0.8\sim1.5kg/667m^2$。推荐机械化播种，没有条件的地方也可人工播种。主要包括以下方式：

2.3.1　条播

沟深 $2\sim3cm$，行距 $20\sim25cm$，播后覆土，覆土厚度与沟平。

2.3.2　撒播

将种子均匀撒于畦面后，浅划畦面，覆 $1\sim2cm$ 厚的细土，镇压、浇水。

2.4　田间管理

2.4.1　间苗

在胡萝卜 $2\sim3$ 片真叶时，按株距 $2\sim3cm$ 间苗，

4～5 片真叶时去掉劣株、病株定苗，春季栽培株距定为 7～8cm；秋季栽培株距定为 10～15cm。

2.4.2　浇水

定苗后 5～7d 浇 1 次小水，肉质根膨大期勤浇以满足膨大需要，肉质根膨大后期浇水不宜太多，收获前 10d 不再浇水。

2.4.3　追肥

应根据土壤肥力和生长状况确定追肥时间。胡萝卜宜追肥 3 次，在定苗后进行第一次追施氮磷钾复合肥 15kg/667m^2；在肉质根膨大初期进行第二次追肥，追施氮磷钾复合肥 30kg/667m^2；在肉质根膨大中期进行第三次追肥，追施氮磷钾复合肥 30kg/667m^2。施肥时，于垄肩中下部开沟施入，然后覆土。收获前 20d 内不再使用速效氮肥。

2.4.4　水肥一体化技术

提倡应用水肥一体化技术。胡萝卜定苗后 5～7d 根据土壤墒情可浇 1 次水，全生长期可分 3 次追肥，肉质根迅速膨大期进行第一次追肥，以后每隔 15d 施 1 次，共施 3 次，每次每 667m^2 追施平衡型冲施肥 10kg。

2.5　病虫害综合防控技术

2.5.1　农业防治

提倡与葱蒜类蔬菜实行 3 年以上轮作。深翻晒土，并可适量撒生石灰消毒。合理密植，注意通风透光，适当灌水，雨后及时排水，降低湿度。

2.5.2　物理防治

用银灰色反光膜驱避蚜虫，用黑光灯、高压汞灯、频振式杀虫灯和糖醋液诱杀蛾类、小地老虎、蝼蛄等。

2.5.3　生物防治

采用天敌防治技术，可用赤眼蜂防治地老虎，七星瓢虫防治蚜虫和白粉虱等。可利用微生物之间的拮抗作用，如用抗毒剂防治病毒病等。也可利用植物之间的生化他感作用，如与葱类作物混种，可以防止枯萎病的发生等。

2.5.4　化学防治

2.5.4.1　黑斑病

发病初期，可选用86.2％氧化亚铜可湿性粉剂1500倍液，或75％百菌清可湿性粉剂600倍液，或者利用58％的甲霜灵锰锌可湿性粉剂400～500倍液喷雾防治。

2.5.4.2　细菌性软腐病

发病初期，可选用3％中生菌素可湿性粉剂800倍液、50％琥胶肥酸铜可湿性粉剂500倍液、56％氧化亚铜水分散微粒剂800倍液等喷雾防治，喷施到胡萝卜茎基部，每隔10d喷1次，连喷2～3次，注意轮换用药。

2.5.4.3　蚜虫、白粉虱、叶螨等

可选用 5％虫螨克，或 10％吡虫啉 1500 倍液，或 0.36％苦参碱水剂 1000～1500 倍液，或 25％噻虫嗪水分散粒剂 6000～8000 倍液喷施防治。

3　采收

胡萝卜生育期为 80～120d，当肉质根充分膨大、颜色鲜艳、叶片不再生长后，可随时收获，收获要在晴天、凉爽、无霜冻、无露水条件下进行。收获前 7d，停止喷施化学药剂。

4　标志、包装及贮运

4.1　标志

对已获准使用地理标志或绿色食品标志的，可在其产品或包装上加贴地理标志或绿色食品标志。

4.2　包装

4.2.1　总体要求

同一包装内的胡萝卜等级、规格应一致。同时，包装材料、容器和方式的选择应满足：

——利于延长胡萝卜的保鲜期。

——保护胡萝卜避免受到磕碰等机械损伤，减轻在

贮藏、运输期间病害的传染。

——方便装载、运输和销售。

——所用材质以环保、可回收利用或可降解材料为主。

4.2.2 包装类型

主要有运输包装和零售包装 2 种类型。

（1）运输包装 清洁干燥、平整光滑、无污染、无异味，具有一定的保护性、防潮性和抗压性。必要时，包装容器内应有衬垫物。包装方式应采用水平排列方式包装。

（2）零售包装 零售时可采用透明薄膜、聚乙烯袋等小包装销售。也可采用一次性塑料托盘加透明保鲜膜的包装方式，防止胡萝卜挤压受损，方便二次包装。

4.3 贮藏

胡萝卜贮存应在阴凉、通风、清洁、卫生的条件下，按品种、规格分别贮藏，防日晒、雨淋、冻害、病虫害、机械损伤及有毒物质的污染。选择无病虫、无机械损伤、无腐烂的胡萝卜贮存。秋胡萝卜可采用沟窖进行冬季贮藏，适宜的贮藏温度为 0～1℃，空气相对湿度为 90％～95％；春、秋胡萝卜也可采用冷库贮藏，适宜的贮藏温度为 0～3℃，空气相对湿度为 90％～95％。

水果类无公害农产品生产技术

▶▶▶

第一节 草莓生产技术

1 园地选择

宜选择地势较高、地面平坦、土质疏松、土壤肥沃、排灌方便、通风良好、交通方便的地块。

2 品种选择

宜选择抗病、优质、丰产、耐储运、商品性好、适合市场需求的品种。可根据不同销售方式选择不同草莓品种，近距离销售以章姬为主，小白、雪里香、天仙醉等品种为辅；远距离销售种植小白、雪里香或天仙醉；高端礼盒销售方式的可适当选择白色草莓品种淡雪和白雪公主。

3　育苗

宜在 4 月下旬进行，采用宽垄双行定植方式育苗，垄宽 1.5～2.0m，垄高 30cm，垄沟宽 30cm，深 10～15cm，沟内定植两行草莓脱毒原种苗，每 667m² 定植 800～1000 棵，苗间距 40cm，沟内滴灌，垄上喷灌。应采用脱毒种苗且连续使用不得超过 3 年，前茬作物未种过草莓、烟草、马铃薯或番茄，且同一地块繁育同一品种不得超过 3 年。

4　假植

7 月中下旬到 8 月中旬进行，密度 10cm×15cm，掌握"深不埋心，浅不露根"原则，加盖遮阳网。

5　土壤肥力等级划分及施基肥

5.1　土壤肥力等级划分

根据土壤中的有机质、全氮、速效氮、速效磷、速效钾、缓效钾等含量高低划分，具体等级指标见表 2-1。

表 2-1　土壤主要养分分级标准

肥力级别		有机质/%	全氮/(g/kg)	速效氮/(mg/kg)	速效磷(P)/(mg/kg)	速效钾(K)/(mg/kg)	缓效钾/(mg/kg)
极高肥力	1	>3	>1.5	>150	>120	>300	>1200
高肥力	2	2～3	1.2～1.5	120～150	80～120	200～300	900～1200
中等肥力	3	1.5～2	1.0～1.2	90～120	50～80	100～200	500～900
低肥力	4	1.0～1.5	0.5～1.0	60～90	20～50	50～100	300～500
极低肥力	5	<1.0	<0.5	<60	<20	<50	<300

5.2　测土配方施肥

中等肥力地块平均每 $667m^2$ 施腐熟的优质农家肥 2000～3000kg、商品有机肥 300～400kg 以及氮磷钾 (19-19-19) 复合肥 40～50kg。单项指标不足中等肥力地块可根据表 2-1 加大该方面施用量。将基肥均匀撒入生产地后，深翻 30cm，整平灌透水备用。

6　定植时期

根据第一茬果上市时间确定定植日期，11 月前后上市，8 月上旬定植；元旦前后上市，9 月上中旬定植。定植时尽量选择阴天或多云天气。

7　起垄定植

定植前起垄，垄高 30～40cm，上宽 25～30cm，下宽 40～50cm，垄沟宽 25～30cm。双行定植，株距 10～13cm，行距 15～20cm。弓背朝外，品字形栽植，深不埋心、浅不露根，栽后立即浇水。

8　苗期管理

缓苗期一般 10d 左右，定植后前 3d 每天早晚各浇小水 1 次，保持土壤湿润，以后根据墒情适当浇水，确保幼苗扎根生长，及时摘除老叶，中耕除草、保墒。

9　扣棚覆膜

当外界平均气温在 16℃、草莓苗花芽分化充分时开始扣棚保温，一般在 10 月底至 11 月初。扣棚后 5～7d，顶花芽显蕾时覆盖厚度为 0.008～0.01mm 的聚乙烯黑色地膜，破膜提苗，棚内夜温降到 15℃时盖帘保温。

10　打破休眠

覆膜后 5～7d，草莓第二片新叶展开时，每株喷布 10mg/L 的赤霉素溶液 5mL，重点喷心叶，晴天上午进行，喷后闭棚、浇水，室温控制在 30～32℃持续 2～3h。

11　温度管理

不同物候期适宜温度见表 2-2。

表 2-2　不同物候期大棚适宜温度表

物候期	适宜温度指标	
	白天	夜间
现蕾前	28～30℃	12～15℃
现蕾期	25～28℃	10～12℃
开花期	23～25℃	8～10℃
果实膨大期	20～23℃	5～7℃

12　湿度管理

根据温室、大棚土壤实际情况进行灌溉，保持土壤"见干见湿"，花期控制空气湿度以减少畸形果，果实成熟期适当控水以增加口感。

13　植株管理

　　缓苗后掰除所有侧芽，只留主株，保持单主茎生长。缓苗后至开花期保留5～6片叶，结果期保留6～7片叶。及时摘除老叶、病叶和匍匐茎，减少养分消耗。

14　花果管理

　　始花期按照每10株草莓苗放1只蜜蜂的比例放置蜂箱进行授粉，坐果期疏除病虫果、畸形果，每花序留3～4个果。

15　追肥

　　花前追施1次氮磷钾（20-20-20）复合肥15～20kg，同时叶面喷施钙、镁、硼、铁、锌、硅等中微量元素肥。果实膨大期或顶果开始采收，追施1次高钾肥（6-12-42），肥料的浓度控制在0.4%以内，同时叶面喷施2次浓度为0.3%的磷酸二氢钾，以后每隔15～20d追施磷钾肥1次，每次10kg。

16　病虫害防治

　　预防为主、综合防治。前期主要防治炭疽病、根腐病和革腐病，后期主要防治白粉病、灰霉病、野蛞蝓、蚜虫、叶螨。安装硫黄熏蒸器，每667m² 安装8～10个，开花前化学防治结合生物防治，开花后通过悬挂黏虫色板、硫黄熏蒸等物理防治，再结合生物防治。化学防治措施见表 2-3。

表 2-3　草莓主要病虫害化学防治一览表

防治对象	农药名称	使用方法	安全间隔期/d
白粉病	10%苯醚甲环唑乳油	1000～1500 倍液喷雾	7
灰霉病	40%嘧霉胺悬浮剂	25～30mL/667m^2 喷雾	3
根腐病	25%甲霜霉可湿性粉剂	500 倍液灌根	2
草腐病	30%琥胶肥酸铜可湿性粉剂	400 倍液灌根	5～7
病毒病	20%盐酸吗啉胍乙酸铜可湿性粉剂	500 倍液喷雾	3
炭疽病	50%咪鲜胺可湿性粉剂	1500 倍液喷雾	10～15
野蛞蝓	10%四聚乙醛粒剂	200g/667m^2 撒施	14
蚜虫	10%吡虫啉可湿性粉剂	2000～3000 倍液喷雾	7
螨类	2%阿维菌素乳油	2000～3000 倍液喷雾	7

17　土壤消毒

对连续种植草莓 3 年及以上温室和大棚每隔 1～2 年进行一次土壤消毒，可选择的消毒剂有棉隆、石灰氮和硫酰氟等，在使用硫酰氟时交由专业人士操作。

18　采收

果实达到可采成熟度或商品成熟度，根据客商要求适时采收。淘汰病、虫果，畸形果，轻拿轻放，进行产品检测，合格后方可贴标签进行包装销售。

19　生产废弃物处理

及时将田间的枯叶、杂草及地膜清理干净，集中进行无害化处理，保持田园清洁。农药包装瓶或袋收集后分类处理。

20　贮藏

　　草莓贮存应在阴凉、通风、清洁、卫生的条件下，按品种、规格分别贮藏，防日晒、雨淋、冻害、病虫害、机械损伤及有毒物质的污染。选择无病虫、无机械损伤、无腐烂的草莓贮存。秋草莓可采用沟窖进行冬季贮藏，适宜的贮藏温度为 0～1℃，空气相对湿度为 90%～95%；春、秋草莓也可采用冷库贮藏，适宜的贮藏温度为 0～3℃，空气相对湿度为 90%～95%。

第二节　大樱桃生产技术

1　产地环境

　　宜选择在生态条件良好，远离污染源，土壤透气性好、有灌溉条件、雨季不积水的地块，土壤 pH 6.0～7.5。

2　品种与砧木选择

2.1　品种选择

　　宜选用大果型、近年来推广应用的优质高产品种，如美早、黑珍珠、萨米脱、福晨、福星、布鲁克斯、明珠等。根据栽培面积选择 3～5 个优良品种，品种间可以相互授粉。授粉树品种占 20%～30%。

2.2　砧木选择

选择与嫁接品种亲和性好、根系发达、抗逆性强的砧木，宜选择大青叶、兰丁 2 号、考特、吉塞拉 6 号、吉塞拉 12 号等砧木。

3　栽植

3.1　栽植密度

栽植密度根据地块、树形确定。自由纺锤形株行距一般采用 3m×4m，细长纺锤形株行距采用 (2～2.5)m×4m。

3.2　苗木选择

按照 DB37/T 3227 第 4.2 条执行，选择生长健壮、高度 1.2m 以上、无病虫害及机械损伤的苗木建园。

3.3　栽植时间

按照 DB37/T 1403 第 6.2 条执行，在春季土壤化冻后至发芽前栽植，宜在 3 月中旬前后。

3.4　栽植方法

栽植前每 667m^2 撒施商品有机肥 1000～2000kg 加

施硅钙镁肥 200～300kg，进行全园深翻 30～40cm，整平。栽植前修筑台田，台田上顶宽 1.5m、下底宽 2m、高 30～40cm。栽植时挖直径 50cm、深 40cm 左右的定植穴，将苗木放入，使根系自然伸展；填土时，将苗木轻微上提，使根系与土壤充分贴合，嫁接口略高于地面；栽后踏实，立即浇水。

4　果园管理

4.1　整形修剪

4.1.1　自由纺锤形

该树形一般采用 3m×4m 的株行距，中干直立粗壮，树高 3m 左右，干高 50～60cm，中干上着生 20～25 个骨干枝，骨干枝间没有明显的分层，树体结构紧凑，空间利用充分。整形修剪步骤如下：

① 第 1 年早春，苗木定植后，留 80cm 定干，定干后将剪口下第 2～4 芽抹除，对中下部芽每隔 3～5 芽刻一芽，促发长条。

② 第 2 年早春，中心干延长枝留 60cm 左右短截，对其中下部芽每间隔 7～8cm 进行刻芽；基层发育枝留 2～4 芽极重短截。8 月下旬将新梢进行拉枝至水平或微下垂状态。

③ 第 3 年早春，对中心干延长枝留 60cm 左右短截；5 月上中旬，对骨干枝背上萌发的新梢进行扭梢、摘心

控制；对骨干枝延长头选留 1 个新梢，使骨干枝单轴
延伸。

④ 第 4 年早春，树高达到 3m 左右，将顶部发育枝
拉平或微下垂。

4.1.2 细长纺锤形

该树形树高 2.8～3m；骨干枝数量在 30 个以上，呈
微下垂状态，利于控冠。树体成型快，早丰性强，适于
密植栽培。整形修剪步骤如下：

——第 1 年，春季苗木栽植后留 80cm 左右短截，
将剪口下第 2～4 芽抹除，对剪口下每隔 3～5 芽刻一芽，
离地面 60cm 以内不做刻芽处理。当侧生新梢长到 40cm
左右时，扭梢至下垂状态。

——第 2 年树体萌芽前，中心领导枝轻剪头，其他
侧生枝留 1 芽极重短截。6～7 月，当中心领导干上的侧
生新梢长至 80cm 左右时，捋梢或拧梢，使之呈下垂状
态；每梢拧 2～3 次，分段进行，使新梢上翘部分呈下垂
状态。

——第 3 年早春对中心领导枝每隔 5～7cm 进行刻
芽并涂抹普洛马林。对上一年中心领导干上萌发的侧生
枝甩放，促其形成大量的叶丛花枝。5 月上旬～6 月下
旬，对侧生枝背上萌发的新梢进行扭梢或摘心，促其形
成腋花芽；保持侧生枝单轴延伸。

——第 4 年早春，在树体上部有分枝处落头，保持
树高 2.8～3m。树体成形后，生长季节及时疏除树体顶

部骨干枝背上萌发的直立新梢，防止上强。

4.2　土肥水管理

4.2.1　土壤管理

4.2.1.1　中耕

果园生长季节降雨或灌水后，及时中耕松土，保持土壤疏松无杂草。中耕深度5～10cm。

4.2.1.2　行间生草

行间自然生草或种植鼠茅草、黑麦草、长柔毛野豌豆等。

4.2.2　施肥

4.2.2.1　施肥原则

施肥以有机肥为主，化肥为辅，宜根据土壤分析和叶分析进行配方施肥和平衡施肥。所施用的肥料不应对果园环境和果实品质产生不良影响。

4.2.2.2　基肥

8月下旬～9月上旬施基肥，以有机肥为主，配合适量化肥。每 $667m^2$ 施商品有机肥 1000kg 或 2000～3000kg 腐熟农家肥＋复合肥（17-15-15）100kg。施用方法以沟施为主，施肥部位在树冠投影向内50cm左右。沟施挖放射状沟或环状沟，沟深20～30cm。

4.2.2.3　土壤追肥

追肥时期为萌芽前和果实迅速膨大期。在春季萌芽前后，放射状沟施复合肥（17-15-15）0.5～1kg/株。硬核后的果实迅速膨大期，结合灌水，每 $667m^2$ 果园撒施碳铵 30kg＋硝酸钾 10kg，连施 2 次。采果后，及时追施氮磷肥，放射状沟施复合肥（13-33-4）0.5～1kg/株，树势过旺结果少的可以不施。

4.2.2.4　叶面追肥

在果实硬核期至成熟前 7 天通过叶面追肥 2～3 次，肥料以含有多种微量元素的速溶性高钾复合肥（13-5-27）为主。

4.2.3　水分管理

在萌芽前、花前、谢花后、果实膨大期、采果后、封冻前进行灌溉。参照 DB37/T 1403 第 7.2.2 条执行，具体应根据土壤墒情而定，当土壤含水量降到田间最大持水量的 60％以下时，应及时浇水，宜采用带状喷灌或滴灌。果实成熟前，保持果园土壤水分稳定；涝季及时排水。

4.3　花果管理

4.3.1　花期授粉

在合理配置授粉树的基础上，在花期利用蜜蜂、壁蜂或熊蜂授粉。花期遇低温或大风天气，应进行人工辅助授粉。

4.3.2　防止裂果

采用小水勤浇的方法，稳定果园土壤水分，防止土壤忽干忽湿。有条件的果园可搭建避雨防裂设施。

4.3.3　促进果实着色

参照 DB37/T 1403 第 7.4.5 条执行，在果实着色期铺设反光膜，促进果实上色，改善果实品质。

4.4　病虫害防治

4.4.1　防治原则

预防为主、综合防治。

4.4.2　农业防治

采取剪除病虫枝、清除枯枝落叶、刮除树干翘裂皮、树干涂白等措施，减少病虫基数；加强肥水管理，扶壮树势，提高果树抗病性及抗虫性。

4.4.3　物理防治

用黄板诱杀蚜虫和白粉虱，用频振式杀虫灯和糖醋液诱杀果蝇、蛾类；用糖醋液诱杀果蝇；采取人工涂白刷杀蚧壳虫、防治流胶病。

4.4.4　化学防治

在果园病虫害综合防治的基础上，根据病虫害发生特点、气候条件及发生程度适时防治，做到按需、精准、高效、安全使用化学农药，见附录 A。大樱桃园病虫害综合防治历，见附录 B。

5　果实采收

果实成熟度的确定参照 NY/T 2302 执行。根据果实成熟度、用途和市场需求综合确定采收期。成熟不一致的品种，应分期采收；果实采摘时轻拿、轻放，防止机械损伤。

6　标志、包装及贮运

包装采用符合卫生标准的包装材料，包装外标注产品名称、品种、等级规格、产地、包装日期、生产单位、重量等。采收后宜尽快预冷，贮存温度在 0～4℃为宜，运输工具清洁卫生、无异味，不与有毒有害物品混运。

附录 A
大樱桃园使用的杀虫杀菌剂

农药种类	稀释倍数和使用方法	防治对象
石硫合剂	3～5°Bé，喷施	越冬病虫害：蚧类、叶螨、蚜虫、枝枯病等
10%吡虫啉	1000 倍液，喷施	绿盲蝽、叶蝉或蚜虫
50%氟啶虫胺腈	8000 倍液，喷施	
1%甲氨基阿维菌素	1000 倍液，喷施	梨小食心虫
35%氯虫苯甲酰胺	6000 倍液，喷施	
1.8%阿维菌素	2000 倍液，喷施	

农药种类	稀释倍数和使用方法	防治对象
240g/L 螺螨酯	400 倍液，喷施	叶螨
20％哒螨灵	1500 倍液，喷施	
1.8％阿维菌素	2000 倍液，喷施	
糖醋液	糖：醋：水：酒＝3：4：2：1，装入容器中，诱杀	果蝇
5％效氯氰菊酯	2000～3000 倍液，喷施	
10％吡虫啉	1000 倍液，喷施	
22.4％螺虫乙酯	2000～3000 倍液，喷施	桑白蚧
48％毒死蜱	1000 倍液，喷施	
5％高效氯氰菊酯	1000 倍液，喷施	天牛
80％代森锰锌	600 倍液，喷施	褐腐病
70％异菌脲	1000 倍液，喷施	
50％腐霉利	1000 倍液，喷施	
25％吡唑醚菌酯	2000～3000 倍液，喷施	
波尔多液	硫酸铜：生石灰：水＝1：2：200，喷施	褐斑病、穿孔病
43％戊唑醇	4000 倍液，喷施	
10％苯醚甲环唑	1500 倍液，喷施	
25％吡唑醚菌酯	2000～3000 倍液，喷施	

附录 B

大樱桃园病虫害综合防治历

时间及物候期	防治对象	防治方法及措施
11 月上旬到 3 月上旬（休眠期）	越冬病虫害：蚧类、叶螨、蚜虫、枝枯病等	彻底清园。①清除果园内死树、枯枝、病枝、落叶、僵果、杂草等，并集中烧毁，压低越冬病虫基数。②结合休眠期修剪，剪除病虫危害枝，并涂抹愈合剂保护剪锯口。③刮除病斑、老翘皮、流胶点等，并用涂干剂保护伤口。④桑白蚧或其他蚧类危害严重时，用钢丝刷清除枝干上的虫体

续表

时间及物候期	防治对象	防治方法及措施
3月中旬至4月上旬（萌芽前）	枝干潜伏病虫害：蚧类、叶螨、蚜虫、枝枯病等	芽萌动期，全树、地面喷施 3～5°Bé 石硫合剂
4月上旬至6月中旬（花果期）	绿盲蝽、叶蝉、梨小食心虫、叶螨、蚜虫等	自 4 月中旬，注意监测各种病虫的发生情况，①当发现绿盲蝽、叶蝉或蚜虫为害较重时，及时喷施吡虫啉、噻虫嗪、氟啶虫胺腈等具有内吸性的杀虫剂；②梨小食心虫发生严重的果园，当发现园内出现第一个梨小食心虫的为害梢后，及时喷施甲氨基阿维菌素、氯虫苯甲酰胺、阿维菌素等药剂，根据虫害发生情况，用药 1～3 次，每 7～10d 1 次，面积较大的果园，可采用迷向丝防治；③当天气干旱、叶螨的虫口密度大且有严重危害趋势时，及时喷施螺螨酯、哒螨灵、阿维菌素等高效杀螨剂防治
	果蝇	在果实膨大期至着色期注意监测与防治果蝇。①利用果蝇趋化性的特点，用糖醋液（糖：醋：水：酒＝3：4：2：1），混加吡虫啉、敌百虫等诱杀成虫；②当果蝇虫口密度较大时，可向地面、杂草和树干上喷施高效氯氟氰菊酯、敌敌畏、吡虫啉等药剂，但药液不能接触果实
	桑白蚧	有桑白蚧的果园，于 5 月中下旬第一代卵孵化高峰期喷施吡虫啉、螺虫乙酯等对蚧类防治效果好的杀虫剂
	褐腐病	①保护地栽培樱桃、花腐病严重的果园或品种或花期遇雨时，注意监测和防治褐腐病，花腐病发生严重时，可于花前、落花期和幼果期喷施杀菌剂；并于落花期及时吹落花瓣。②果实褐腐病发病严重的果园或品种，或果实成熟期遇多雨天气时，于果实成熟前的 20～30d 喷施杀菌剂，清除果实上的病原菌。③防治褐腐病，杀菌剂可选用代森锰锌、异菌脲、腐霉利、铜制剂、吡唑醚菌酯等

续表

时间及物候期	防治对象	防治方法及措施
6月中旬至11月上旬（采果后到落叶期）	病害（褐斑病、穿孔病）	果实采收后至雨季来临之前、发病前或发病初期，喷施1遍波尔多液［波尔多液的配比为硫酸铜：生石灰：水＝1：（2～3）：200］雨水多或发病重的年份，于8月份再喷施1遍波尔多液，或戊唑醇、苯醚甲环唑、吡唑醚菌酯等杀菌剂
	虫害	①天牛为害严重的果园，于6～7月成虫发生期捕捉成虫，或喷施噻虫啉微囊剂或菊酯类等，杀灭初孵幼虫；对于已蛀干的幼虫，可查找新鲜排粪孔，从排粪孔注射高效氯氰菊酯或敌敌畏的高浓度药液，注药后用泥土封闭虫孔。②桑白蚧为害严重的果园，可于7月下旬或8月上旬二代卵的孵化高峰期喷吡虫啉、螺虫乙酯等药剂防治。③叶螨为害严重时，及时喷施阿维菌素、螺螨酯、乙螨唑等杀螨剂防治。④当发现其他害虫为害时，采取相应措施，及时防治

第三节　苹果生产技术

1　园地选择与规划

1.1　环境条件

产地应选择在生态条件良好，远离工矿企业、无污染源，具有可持续生产能力的农业生产区域。

1.2　土壤条件

园地土壤以壤土和沙壤土为宜，土层深度80cm以上，土壤酸碱度以 pH5.5～7.0 为宜，土壤肥沃，有机质含量不低于 10g/kg，地下水位 1m 以下。山区、丘陵地建园坡度应小于 25°。重茬栽培需对土壤进行有效处理，或轮作 3～5 茬后建园。

1.3　园地规划

园地规划包括小区划分、道路及排灌系统、电力系统及附属设施等。小区面积以 30～50 亩为宜，10°以下坡的丘陵地提倡梯改坡。栽植行尽可能采用南北向，梯改坡采用顺坡栽植。

2　品种与砧木选择

2.1　品种选择

选择适宜当地土壤、气候特点，抗病、抗逆性强，适应性广、商品性能好、优质丰产的品种。晚熟品种以富士系列为主，宜选择烟富系列品种，如烟富三、烟富六、烟富七、烟富八、烟富十、元富红、龙富短枝等；中熟品种选择嘎啦、金都红、红将军、王林、鲁丽等；早熟品种选择珊夏、藤牧一号等。以栽培品种为授粉品种，与主栽品种的比例为 (1∶6)～(1∶8)，栽植专用授粉品种，与主栽品种的比例为 (1∶15)～(1∶25)。

2.2　砧木选择

乔化砧木以海棠为宜，如八棱海棠、三叶海棠等；

矮化砧木要求矮化性能好，抗逆性强，适宜烟台的土壤气候特点。

3　定植

3.1　整地改土

定植前开沟，沟宽 80～100cm，深不少于 80cm。回填前沟底施足基肥，充分腐熟的优质农家肥每 667m^2 用量不少于 8000kg，或商品有机肥每 667m^2 不少于 2000kg。宜采用起垄栽培。结合回填起垄，垄宽 1～1.5m，高 30～40cm。回填起垄后浇水沉实，苗木定植在垄上。

3.2　苗木质量要求

应选择品种纯正的苗木，高度 1.5m 以上，嫁接口以上 5cm 处粗度 1.5cm 以上，苗木粗壮，芽体饱满，无病虫害和机械损伤。根系完整，须根发达，乔化砧侧根长度大于 15cm，无病虫害。矮化自根砧和矮化中间砧，矮化砧木长度 30～40cm。

3.3　栽植密度

推广宽行密植，具体栽植密度根据园地立地条件、砧木类型、整形修剪方式而定，缓坡地乔化砧 (3～4)m×(5～6)m，乔化短枝型品种 (2～2.5)m×4m，矮化中间砧 1.5m×(3.5～4)m，矮化自根砧 (1～1.5)m×

(3.5~4)m，双矮（矮化自根砧或矮化中间砧/短枝型）品种（0.75~1)m×(3~3.5)m。丘陵山地土壤瘠薄的地块不提倡选用矮化砧，乔化砧以 3m×4m 为宜、乔化短枝型品种以 2m×4m 为宜。

3.4　定植时期

秋季落叶后至封冻前或次年春季土壤解冻后至萌芽前均可，越冬抽条现象较严重的区域以春季定植为宜。

3.5　定植方法

定植前对根系进行修剪，将断根处剪平。定植时开挖 40cm 见方的定植穴，将苗木放入定植穴内，根系要舒展，填土并踏实。矮化自根砧填土后浇水沉实即可，不宜踏实。栽植深度乔化砧以浇水沉实后根茎部位与地表相平为宜，矮化自根砧或矮化中间砧苗木以矮化砧露出地面以上 10~15cm 为宜。

3.6　矮化砧采用支架栽培

支架包括支柱（可选用水泥柱、镀锌钢管等）、竹竿、拉线（镀锌钢丝、塑钢线等）和配套设施（地锚、撑杆、滑轮螺丝等）。支柱间距以 10m 为宜，其上拉 3~4 条拉线，地块两头和中间可横向拉数道与行间垂直的横线；每株一根竹竿，竹竿高 3~3.5m，基部直径 3cm左右。支架要牢固，应能抗较大的风灾。

4　土肥水管理

4.1　土壤管理

4.1.1　覆盖

覆盖材料可选用作物秸秆、粉碎的树皮、蘑菇棒、通过发酵处理的牛羊粪等有机物料、园艺地布等，将覆盖物覆盖到行内。以有机物料为覆盖物，覆盖宽度 1m，厚度 10～15cm。园艺地布可选用宽 75～90cm 的宽幅，沿树干方向左右各覆一幅。

4.1.2　果园生草

4.1.2.1　自然生草

利用当地的杂草，拔除深根性、高秆杂草，保留浅根性、矮秆杂草，当草长到 30～40cm 时进行刈割，建议留茬高度 5～10cm。

4.1.2.2　人工生草

以豆科类、禾本科类牧草为宜，推广种植长柔毛野豌豆、紫花苜蓿、黑麦草等。需要刈割的牧草按照自然生草刈割要求及时进行刈割。

4.2　施肥

4.2.1　施肥原则

科学使用化学肥料，增加中微量元素肥料用量，减少化学肥料使用量。

4.2.2　秋施基肥

4.2.2.1　时间

早中熟品种 8 月底～9 月中旬，晚熟品种果实采收后至落叶前越早越好。

4.2.2.2　肥料种类

以充分腐熟的优质农家肥或商品有机肥为主，辅以速效性氮磷钾和中微量元素肥。

4.2.2.3　施肥量

成龄树按产量确定施肥量，充分腐熟的优质农家肥按 1kg 果 1.5kg 肥的标准施用；或每 $667m^2$ 施用商品有机肥 500～800kg 或生物有机肥 500～800kg。氮磷钾肥用量按照每生产 100kg 果实，纯氮 0.3～0.5kg，P_2O_5 0.15～0.25kg，K_2O 0.1～0.15kg。可根据树龄、土壤肥力、树势适当增减。同时，每 $667m^2$ 加用含钙、镁、硼、锌、铁等螯合态中微量元素肥 50～75kg。

4.2.2.4　施肥方法

采用放射状沟、条状沟、环状沟施肥法。沟宽 20～30cm，深 30～40cm。施肥部位条状沟、环状沟以树冠垂直投影向内开沟，放射状沟靠近树干一端距树干不少于 60cm，外端不超过树干垂直投影，深度自靠近树干一端开始向外依次加深。基肥提倡集中施用，肥料应与土充分混合，逐年更换施肥部位。

4.2.3　追肥

4.2.3.1　土壤追肥

肥料可选用全水溶肥冲施肥，结合肥水一体化进行追施。追肥的次数、时间、用量等根据品种、树龄、栽培管理方式、生长发育时期以及外界条件等灵活掌握。宜在萌芽前、套袋后、果实膨大期进行，采用少量多次的施肥原则。施肥量按每生产 100kg 果实施用纯氮 0.2～0.3kg，P_2O_5 0.04～0.06kg，K_2O 0.5～0.9kg。果树萌芽前和果实膨大期各为总追肥量的 50% 左右，萌芽前以氮肥为主，中期适当增加磷肥，后期以钾肥为主。果树膨大期成龄树每 $667m^2$ 加用黄腐酸肥料 40kg 左右。

4.2.3.2　根外追肥

结合病虫害防控进行叶面追肥。果树萌芽前喷施 1%～2% 尿素，小叶病发生严重的果园加用 3%～4% 倍硫酸锌；花期喷施 0.2%～0.3% 的硼砂；果实落花后至套袋前喷施 3 遍叶面钙肥；套袋后可喷施氨基酸、腐殖酸、甲壳素类叶面肥；后期喷施 0.3% 的磷酸二氢钾；7月下旬至 9 月上旬喷施叶面钙肥。

4.3　水分管理

4.3.1　灌溉

浇水时期宜在萌芽前、幼果期（落花后 20 天）、果实膨大期（7 月中旬～8 月下旬）、果实采收前及封冻前，同时结合天气情况灵活掌握。灌溉方式宜采用滴管、喷灌等节水灌溉技术，并配套肥水一体化设施，或采用行间沟灌技术。萌芽水（果树萌芽前灌水）、封冻水（封冻前灌水）以浇透为宜，果实套袋后至采收前宜采用小水勤浇的方式，每次灌水以渗透到地下 15cm 左右为宜。

4.3.2　排水

完善排灌系统，汛期及时排除果园积水。

5　整形修剪

5.1　整形修剪的原则

按照 NY/T 441 执行，并根据立地条件、栽植密度、树龄、树势等灵活掌握，做到因树制宜。

5.2　修剪时期

分冬季修剪（又称冬剪、休眠季节修剪）和夏季修剪（又称夏剪、生长季节修剪）。冬剪从落叶以后至第二年春季萌芽以前。夏剪自果树萌芽以后至落叶之前。

5.3　树形

5.3.1　树形选择的原则

树形的选择根据砧木类型和品种采用不同的树形，一般乔化砧果树选用小冠疏层形、主干形等树形；短枝型品种可选用小冠疏层形、自由纺锤形等树形；矮化中间砧和矮化自根砧可选用自由纺锤形、细长纺锤形和高纺锤形。

5.3.2 小冠疏层形

树体结构特点：干高 70cm 左右，树高 3～3.5m，全树 5～6 个主枝，第一层 3 个，第二层 2 个，第三层 1 个。层间距第一层与第二层 70～80cm 左右，第二层与第三层 50～60cm。第一层主枝，每主枝留 2 个侧枝，第一侧枝距树干 40cm 左右，第二侧枝对生，距第一侧枝 30cm 左右，一、二侧枝以上直接着生大、中、小型结果枝组。二、三层主枝无明显侧枝，直接着生结果枝组。第一层主枝角度 70°～80°，二层主枝 50°～60°。

5.3.3 自由纺锤形

树体结果特点：干高 70cm 左右，树高 3～3.5m，中干直立。全树错落着生 20 个左右分枝，向四周均匀分布，分枝上仅着生中小型结果枝组。分枝排列不分层或层性不明显。分枝单轴延伸，角度乔化短枝型品种 90°～100°、矮化砧 120°左右。

5.3.4 细长纺锤形

树体结构特点：树高 3～3.5m，干高 0.8～1.0m，冠径 1.5～2.0m，中心干上螺旋着生 20～30 个结果枝，结果枝基部粗度不得超过其着生部位中央领导干粗度的

1/4。

5.3.5　主干形

树体结构特点：干高 1.5m 以上，树高 2～2.5m，仅上部一层主枝。主枝数量 3 个，每个主枝上着生 1～2 个侧枝，主枝和侧枝上直接着生结果枝组。该树形一般为乔化砧树衰老期后由小冠疏层形或自由纺锤形改造而成。

5.4　冬季修剪

5.4.1　幼树整形修剪

5.4.1.1　定干

定干高度以苗木高度而定，尽量保留所有的饱满芽进行定干。苗木高度 1.8m 以上，且芽体饱满的可以不定干。定干后刻芽或涂抹发枝素，以提高萌芽率。刻芽应在芽的上方约 0.5cm 处，深度至木质部。发枝素应在定植后芽萌动期涂刷。离地面 70cm 以下的芽不刻，也不涂发枝素。

5.4.1.2　冬季修剪技术

① 定植当年冬季修剪。主干生长势力较强，且当年抽生 15 个以上分枝，修剪后有 10 个以上分枝粗度小于其着生部位中干粗度的 1/3 以上的枝，可不进行极重短截，仅剪除分枝与主干枝粗比大于 1/3 的枝即可。若达不到上述指标，应将当年抽生的枝进行极重短截。

② 第二年冬季修剪。疏除枝粗比大于 1/3 的枝，其余枝全部保留，保留的枝春季芽萌动时刻芽或涂抹发枝素促花。修剪后如果保留的枝数量达不到 10 个，再全部进行极重短截。

③ 第三年冬季修剪时，小冠疏层形树在距地面 80～100cm 部位选留 3 个枝，作为第一层主枝，距第一层主枝最上一个主枝 70～80cm 处选留 2～3 个枝，作为第二层主枝，距第二层主枝最上面一个主枝 50～60cm 处选留 1～2 个主枝，作为第三层主枝。其余枝在不影响主枝生长的情况下作为辅养枝保留结果，影响主枝生长时，结果后冬季修剪时疏除。自由纺锤形、细长纺锤形、高纺锤形树无永久性骨干枝，修剪时仅剪去分枝与中干枝粗比大于 1/3 的枝，其余枝保留结果。

5.4.2　盛果期树修剪

① 采用甩放、疏枝、回缩相结合的方式，除特殊情况外，一般不短截。对结果枝组和主枝延长头进行清头，保持单轴延伸。小冠疏层形和主干形树注意选留骨干枝和结果枝组后部萌发的平斜枝和斜背上枝进行甩放，培养新的结果枝组，更新老龄结果枝组，保持结果枝组的生长势力。疏除过密枝和影响通风透光的大枝，改善风光条件。

② 自由纺锤形、细长纺锤形、高纺锤形树修剪时注意疏除中干上大于 5cm 的分枝，保留中干上抽生的一年生枝和分枝后部背上或斜背上抽生的一年生枝，进行甩放，培养更新枝，原枝结果衰弱后及时更新。

5.4.3 郁闭树修剪

① 主干过矮导致果园郁闭的，疏除第一层主枝，抬高主干，保持主干高度 80cm 以上。仅有两层枝的可将原来的树形改造成主干形。

② 主枝过多导致果园郁闭的，疏除过多大枝。原则是疏大留小，疏下留上，疏老留新。同时注意结果枝组轻修剪，尽量不要回缩。

③ 栽植密度过大的果园，根据具体栽植密度，采用隔行去行或隔株去株的方式，调整栽植密度，解决通风透光。

5.5 夏季修剪

幼树与萌芽后、处暑后采用拉枝、撑枝等方法，开张枝条角度，生长过旺枝可采用拿枝、捋枝等方式缓和枝条势力；结果大树疏除背上和剪锯口萌发的直立徒长枝。结果枝组和主、侧枝延长头夏季修剪不建议清头，冬剪时再清头。

6 花果管理

6.1 授粉

6.1.1 花期放蜂

花期释放壁蜂、蜜蜂或熊蜂。壁蜂或熊蜂于开花前 3～4d 放入果园，每 $667m^2$ 200～500 头；蜜蜂于开花前

10d 左右放入果园，每 $667m^2$ 2000～3000 头。

6.1.2　人工点授

选择晴天上午，用带橡皮头的铅笔或用羽毛、烟蒂等做成的授粉棒，蘸取花粉，将花粉点在刚开放花的柱头上。根据天气情况，每花序点 1～2 朵花，以中心花为主。

6.1.3　液体授粉

将花粉配制成花粉液，花期用喷雾器喷洒。花粉液的配制方法为：10kg 水、500g 白糖、30g 尿素、10g 硼砂、20～25g 花粉，先将白糖溶解到水里，再加入尿素配制成糖尿液，然后再加入硼砂和花粉，所配制的花粉液应在 2h 内用完。

6.2　疏花疏果

6.2.1　疏花

自花序分离后开始，以疏花序为主，主要疏除过多的花序、腋花花序和弱花序。

6.2.2　疏果

从落花后 10d 开始，30d 内结束。采用间距疏果法，根据坐果多少、树龄、树势等确定适宜的留果间距。一般为 20～25cm 留 1 个果。

6.2.3　化学疏花疏果

采用化学疏花疏果时必须在技术人员指导下，严格按照操作规程进行操作。

6.3　套袋与摘袋

6.3.1　套袋

所用纸袋类型根据品种而定，宜选用内红双层纸袋。时间自落花后 30～40d 开始，6 月中下旬结束。套袋时将袋撑开，使袋鼓起，幼果置于袋的中央，用纸袋自带的铁丝封紧袋口，注意不要将叶片套入带内和将扎丝别到果台枝上。套袋前 3～5d 全园喷洒一遍杀虫、杀菌剂。

6.3.2　摘袋

摘袋时间根据品种而定，早中熟品种果实生理成熟前 10～15d 进行，晚熟品种果实生理成熟前 20～30d 进行。内红双层纸袋摘袋时先摘除外袋，3～5d 后再摘除内袋。

6.4　免套袋栽培

免套袋栽培技术成熟的区域，或生态环境适宜的区域，试验推广免套袋栽培技术。

6.5　摘叶、转果、地面铺设反光膜

6.5.1　摘叶

摘袋后进行摘叶。摘叶应分批分期进行，先摘除果实周围的小叶，3～5d 后再摘除影响光照的叶片。摘叶

数量早中熟品种为全树总叶量的 5%～10%，晚熟品种为全树总叶量的 15%～20%。

6.5.2 转果

摘袋后当果实着色面积达到 60%时开始转果，将阴面转到阳面，并注意用海绵垫垫果。

6.5.3 地面铺设反光膜

摘袋后地面及时铺设反光膜，以促进果实均匀着色。果实采收后应将反光膜及时清理，集中处理。

7 病虫害防控

7.1 防控原则

积极贯彻"预防为主，综合防治"的方针。以农业和物理防控为基础，提倡生物防控，按照病虫害的发生规律，科学使用化学防控技术，将各种病虫害控制在经济阈值范围内。

7.2 农业防控

通过选用抗性品种；合理轮作间作；合理施肥，增施有机肥和中微量元素肥料；变革耕作制度，实施果园生草栽培；完善果园排灌系统，实施节水灌溉和行间沟灌；合理修剪等综合管理措施，培育健壮树体，提高树体的抗逆能力。采用剪除病虫枝、清除枯枝落叶、刮除树干翘裂皮消灭越冬害虫，降低越冬害虫基数，通过果园覆盖抑制或减少病虫害发生等。

7.3　物理防控

利用糖醋液（糖 5 份、酒 5 份、醋 20 份、水 80 份）、绑草把等诱杀害虫；人工、机械捕捉害虫。

7.4　生物防控

保护利用天敌、利用有益微生物或其代谢物、性信息素（性诱芯、性迷向丝）诱杀和控制害虫的发生。

7.5　化学防控

严格按照要求控制施药量与安全间隔期，并遵照国家有关规定。在推广应用生物源和矿物源农药的同时，科学合理地使用化学农药。

8　植物生长调节剂的应用

允许有限度使用对改善和提高果实品质及产量有明显作用的植物生长调节剂，禁止使用对环境造成污染和对人体健康有危害的植物生长调节剂。

9　果实采收

根据品种特性、果实成熟度等，在果实表现固有的品质特性（色泽、风味和口感等）时开始采收。根据果实着色情况，提倡分期分批采收。采收过程中应避免机械损伤和暴晒。

10 生产废弃物处理

及时回收废旧纸袋、反光膜、农药包装物等生产废弃物，清理生产中产生的落叶、枝条，可作为有机肥、生物质能源的原料。

第四节　西瓜生产技术

1 品种选择

选择适应性广、抗逆性强、品质优良、商品性好的品种，如京欣 1 号、西农 8 号、特小风等。嫁接栽培砧木选用瓠瓜或南瓜品种。

2 育苗及健苗

2.1 育苗

宜从标准化育苗工厂购买化集约化生产的西瓜苗。

2.2 健苗

2.2.1 自根苗健苗

自根苗苗龄 30～35d，幼苗达到叶色鲜绿、叶片肥厚、下胚轴短而粗、株高 6～7.5cm、具有 3～4 片真叶。

2.2.2　嫁接苗健苗

嫁接苗苗龄不宜超过 35d，定植时 4 片子叶完整，植株 1 叶 1 心，茎秆粗壮，叶片绿色，无病斑，株高 15cm 左右，根系将基质紧紧缠绕。

3　施肥

3.1　大田选择

选择地势高、排灌方便、土层深厚、土质疏松肥沃、通透性良好的沙质壤土或壤土地块，不能用花生、豆类和蔬菜作西瓜的前茬。

3.2　基肥施用

在中等肥力土壤条件下，结合整地，宜施充分腐熟的有机肥料 $4000～5000kg/667m^2$，三元复合肥料（15-15-15） $50kg/667m^2$。有机肥料和化学肥料全部施入西瓜定植沟内，深翻混匀。

4　大棚栽培

4.1　整地

定植前深翻土地，土肥混匀后耙细作龟背形高畦，根据西瓜品种不同畦宽连沟 1m 左右，其中沟宽 30~35cm。

4.2　覆膜

冬春季栽培的，定植前半个月扣盖大棚膜和地膜，地膜下铺设滴管带，定植前 3~5d 在定植畦上搭小拱棚并盖膜保温预热；夏秋季栽培定植前不必提前保温预热。

4.3　定植

4.3.1　定植时间

冬春季栽培于 2 月上中旬定植，夏秋季栽培于 7 月下旬至 8 月中旬定植。

4.3.2　定植密度

每畦定植 1 行，早熟品种 800 株/667m²、中熟品种 600 株/667m²、晚熟品种 450 株/667m²、吊蔓栽培小西瓜 1800~2000 株/667m²。

4.3.3　定植方法

冬春季栽培，当棚内 10cm 深土壤温度稳定在 15℃以上、日平均气温在 18℃以上即可定植，选晴天定植。定植前在畦中间或距大棚两侧 1m 左右位置用制钵器挖与营养钵或基质块同样高度的定植穴，定植后浇透定根水，膜口用细土盖严，嫁接口应高出畦面 1~2cm，搭建小拱棚保温。夏秋季栽培宜在傍晚或阴天进行，定植后搭小拱棚遮阳降温。

4.4　田间管理

4.4.1　温度管理

定植后半个月内密闭小拱棚和大棚，促进缓苗。伸蔓期白天棚温控制在 $25\sim28℃$，夜间棚温控制 $13\sim15℃$，逐步加大通风量，直至撤除小拱棚。开花结果期棚温白天控制在 $25\sim30℃$，夜间温度不低于 $15℃$。坐瓜后，棚温白天保持在 $30℃$ 左右，夜间 $15\sim20℃$，昼夜温差 $12\sim15℃$。

4.4.2　水肥管理

定植后及时浇水，缓苗后浇一次缓苗水，水要浇足；以后根据土壤墒情情况，至开花坐果前浇小水 $1\sim2$ 次；果实坐果后，根据墒情适时浇水。施肥原则为轻施苗肥，巧施伸蔓肥，重施膨果肥。追肥浇水通过滴管带进行，当西瓜直径 $5\sim8cm$ 时追肥，施复合肥 $10\sim15kg/667m^2$。

4.4.3　整枝压蔓

应根据西瓜栽培品种的不同选择不同的压蔓方式，早、中、晚熟品种一般采用躺蔓栽培方式，小西瓜则可采用躺蔓和吊蔓两种栽培方式。

① 躺蔓栽培。早熟品种一般采用单蔓或双蔓整枝；中、晚熟品种一般采用双蔓或三蔓整枝；小西瓜品种采

用三蔓或四蔓整枝。三蔓以上整枝的要在瓜苗 6～7 叶时摘心。第一次压蔓应在蔓长 40～50cm 时进行，以后每间隔 4～6 节再压 1 次，压蔓时要使各条瓜蔓在田间均匀分布，主蔓、侧蔓都要压。坐果前要及时抹除瓜杈，除保留坐果节位瓜杈以外，其它全部抹除，坐果后应减少抹杈次数或不抹杈。

② 吊蔓栽培。小西瓜要求打顶栽培，由子蔓坐瓜，一般采用双蔓整枝，打顶在 5 叶期进行，然后从基部选留 2 条健壮子蔓，其余子蔓全部摘除，当瓜蔓长到 0.6m 左右时，要及时吊蔓，在地面瓜秧处拉一铁丝固定，然后地面铁丝和棚架间吊一垂直塑料绳，再引蔓上绳，吊蔓一般在晴天下午进行。

4.4.4　授粉

授粉主要采用人工授粉及蜜蜂授粉两种方式，两种授粉方式具体操作如下。

① 人工授粉：冬春栽培选晴天上午 8～11 时进行，夏季栽培选晴天上午 5～8 时进行。摘取旺盛开放的雄花，将其花粉均匀涂抹在雌花柱头上，同时做好标记。

② 蜜蜂授粉：每 667m^2 用蜜蜂 1 箱，蜂箱放置在设施中部，风口需增加防虫网。

4.4.5　留（护）瓜措施

躺蔓栽培品种一般主蔓第 2～3 雌花节位留 1 个瓜，及时垫瓜、翻瓜，保证瓜形端正、皮色美观；吊蔓的小西瓜品种一般从基部选留 2 条健壮子蔓，每个子蔓留一个雌花坐瓜。

5　露地栽培

5.1　整地

定植前深翻土地，土肥混匀后作龟背形高畦，根据品种不同畦宽连沟 1.6～2.0m，其中沟宽 0.2～0.3cm，沟深 0.2～0.3cm。

5.2　覆膜

铺膜时要使地膜紧贴地表面，出苗应马上引苗封口，同时在苗一侧或两侧扎眼通风。覆膜应符合 GB 13735 的要求。

5.3　定植时间

春季栽培于 4 月下旬定植，夏秋季栽培于 7 月中下旬开始定植。

5.4　定植密度

每畦定植 1 行，宜 800～1000 株/667m^2。

5.5　田间管理

5.5.1　水肥管理

根据苗情酌情追肥，追肥原则是轻施苗肥、巧施伸蔓肥、重施膨瓜肥。提苗肥在定植后 5～7d 缓苗后进行，宜用碳铵、过磷酸钙各 5kg/667m², 配成 1％溶液浇施 1 次；伸蔓肥在提苗后 20d 左右，宜用尿素 5kg/667m², 配成 0.5％溶液浇施；膨瓜肥在幼果鸡蛋大小时进行，宜施复合肥 5～7.5kg/667m², 在定植点外 70cm 处，施用方法同伸蔓肥。

5.5.2　中耕除草

西瓜蔓长 40～50cm 时进行。

5.5.3　整枝理蔓

采用双蔓或三蔓整枝。主蔓出藤后至第二朵雌花开放时，每隔 3～4d 对瓜苗整理 1 次，将主蔓沿同一方向向前伸展。开花后，不再进行理蔓。

5.5.4　授粉、留瓜

躺蔓栽培品种以第 2 或第 3 朵雌花作坐瓜花。一般晴天上午 6～9 时人工授粉。待西瓜鸡蛋大小时及时疏去畸形瓜或发育不良的瓜，再选第 3 朵雌花或侧蔓留瓜，及时垫瓜、翻瓜、保证瓜形端正、皮色美观；吊蔓的小西瓜品种一般从基部选留 2 条健壮子蔓，每个子蔓留一个雌花坐瓜。

6　病虫害防治

6.1　防治原则

遵循"预防为主，综合防治"的植保方针和"控害减量"原则，以农业防治为基础，合理运用生物、物理和化学等手段，经济、安全、有效地防治病虫害发生。

6.2　主要病虫害

西瓜主要病害有猝倒病、炭疽病、蔓枯病、枯萎病、根结线虫病、病毒病；主要虫害有蝼蛄、地老虎、红蜘蛛、蚜虫、烟粉虱、斑潜蝇。

6.3　农业防治

选用抗病虫品种，实行轮作和加强肥水管理，重茬种植时采用嫁接栽培或选用抗枯萎病品种。

6.4　物理防治

选用银灰色地膜覆盖，放风口用防虫网封闭。设置黑光灯或加多频振式杀虫灯诱杀成虫，采用黄板诱蚜、烟粉虱等，用糖醋液诱杀地下害虫。

6.5　生物防治

采用5%除虫菊素水剂500倍液防治蚜虫、烟粉虱；用1%武夷菌素水剂300倍液防治白粉病；在病毒病发病前或发病初期用2%宁南霉素200～250倍液喷雾防治。

6.6　化学防治

加强病虫草害的测报，及时掌握其发生动态，合理轮换和混用农药，药剂使用次数及安全间隔期应符合无公害农产品要求。药剂选择见表2-4。

表 2-4 主要病虫害推荐化学防治药剂

防治对象	防治药剂			使用方法
	通用名	含量及剂型	使用浓度	
猝倒病	精甲·噁霉灵	30%水剂	$1\sim2mL/m^2$	苗床喷洒
	霜霉威盐酸盐	722g/L 水剂	$5\sim8mL/m^2$	苗床喷洒
蔓枯病	吡唑醚菌酯·代森联	60%水分散粒剂	$60\sim100g/667m^2$	喷雾
	苯醚甲环唑·嘧菌酯	30%悬浮剂	$30\sim50mL/667m^2$	喷雾
	氟吡菌酰胺·肟菌酯	43%悬浮剂	$15\sim25mL/667m^2$	喷雾
	氟吡菌酰胺·戊唑醇	35%悬浮剂	$25\sim30mL/667m^2$	喷雾
	嘧菌酯	250g/L 悬浮剂	$60\sim90mL/667m^2$	喷雾
	双胍三辛烷基苯磺酸盐	40%可湿性粉剂	$800\sim1000$ 倍	喷雾
炭疽病	吡唑醚菌酯	250g/L 悬浮剂	$25\sim30mL/667m^2$	喷雾
	苯醚甲环唑	10%水分散粒剂	$65\sim80g/667m^2$	喷雾
	唑醚·代森联	60%水分散粒剂	$80\sim120g/667m^2$	喷雾
	肟菌·戊唑醇	75%水分散粒剂	$10\sim15g/667m^2$	喷雾
	啶氧菌酯	22.5%悬浮剂	$35\sim45mL/667m^2$	喷雾
	噁酮·锰锌	68.75%水分散粒剂	$45\sim55mL/667m^2$	喷雾
白粉病	唑醚·氟酰胺	42.4%悬浮剂	$10\sim20mL/667m^2$	喷雾
	吡萘·嘧菌酯	29%悬浮剂	$30\sim60mL/667m^2$	喷雾
	氟菌唑	30%可湿性粉剂	$15\sim18g/667m^2$	喷雾
	乙嘧酚	25%悬浮剂	$70\sim90mL/667m^2$	喷雾
枯萎病	咪鲜胺	25%乳油	$750\sim1000$ 倍	灌根
	恶霉灵	30%水剂	$600\sim800$ 倍	灌根
	咯菌·噁霉灵	15%可湿性粉剂	$300\sim350$ 倍	灌根
	丙硫唑	10%水分散粒剂	$600\sim800$ 倍	灌根

续表

防治对象	防治药剂			使用方法
	通用名	含量及剂型	使用浓度	
病毒病	香菇多糖	1%水剂	200~400 倍	喷雾
	吗呱·乙酸铜	20%可湿性粉剂	160~250g/667m²	喷雾
细菌性角斑病	噻唑锌	20%悬浮剂	100~150mL/667m²	喷雾
	氢氧化铜	77%可湿性粉剂	150~200g/667m²	喷雾
	春雷霉素	2%水剂	175~210mL/667m²	喷雾
	喹啉铜	33.5%悬浮剂	45~60mL/667m²	喷雾
蚜虫	噻虫嗪	25%水分散粒剂	8~10g/667m²	喷雾
	氟啶虫胺腈	50%水分散粒剂	3~5g/667m²	喷雾
	氟啶虫胺腈·乙基多杀霉素	40%水分散粒剂	10~14g/667m²	喷雾
	溴氰虫酰胺	10%可分散油悬浮剂	30~40mL/667m²	喷雾
斑潜蝇	阿维菌素	1.8%乳油	20~30mL/667m²	喷雾
	灭蝇胺	10%悬浮剂	100~150mL/667m²	喷雾
根结线虫	噻唑膦	10%颗粒剂	1500~2000g/667m²	撒施
	氟吡菌酰胺	41.7%悬浮剂	0.024~0.03mL/株	灌根
红蜘蛛	联苯肼酯	43%悬浮剂	10~25mL/667m²	喷雾
	螺螨酯	240g/L悬浮剂	3000~5000 倍	喷雾
	乙螨唑	110g/L悬浮剂	5000~6000 倍	喷雾
	唑螨酯	5%悬浮剂	1000~2000 倍	喷雾

7　成熟度鉴别

7.1　坐瓜标记法

在授粉时做好标记，记载授粉日期，并根据气候和瓜龄，结合试样进行成熟度鉴别。

7.2 坐瓜标记法

成熟的西瓜果皮光亮，花纹清晰，果脐凹陷，果蒂处略有收缩，果柄茸毛脱落、稀疏，瓜面用手指弹时发出空浊音。

8 采摘

宜按照授粉后的天数推算，早熟品种 26d 左右，中熟品种 30d 左右，晚熟品种 35～38d。当地销售的西瓜在 9 成以上成熟度采收，外销西瓜在成熟度 8 成时采收。

采收后，应按大小、形状、品质进行分类分级、分别包装。

第五节 山东梨生产技术

1 砧木与苗木选择

山东梨的砧木宜选用杜梨或豆梨。芽苗要求砧木粗0.7cm 以上，芽饱满、根系发达，提倡使用无病毒苗木。

2 栽植

2.1 栽植时间

适宜春栽，土壤解冻后至发芽前 1 周为宜。

2.2 栽植密度

根据园地立地条件、树形和管理水平而定。大冠稀植栽培株行距（3～4）m×（4～5）m，密植栽培株行距（1.2～2）m×（3.5～4）m。

2.3 授粉树配置

选择花期一致、亲和性好、花粉量大、果实具有一定经济价值的品种作授粉树，主栽品种与授粉品种栽植比例为（4～6）：1；或同一果园内选择2～3个品质优良、经济效益高的品种相互授粉。

3 土肥水管理

3.1 土壤管理

3.1.1 深翻改土

分为扩穴深翻和行间耕翻。扩穴深翻：结合秋施基肥进行，深度在40～60cm，土与肥混合拌匀后覆土灌水，使根土密接，逐年往外扩展。行间耕翻：每年春季和秋冬季进行两次行间耕翻，深度15～20cm，将杂草翻入土内。

3.1.2 行间生草

有灌溉条件的梨园，提倡行间生草。可种植毛叶苕子、紫花苜蓿、扁叶黄芪等绿肥作物。通过翻压、沤制等将其转变为有机肥。

3.1.3　树盘覆盖

夏初至秋末用秸秆、堆肥、绿肥、锯末或田间杂草等覆盖树盘，厚度 10~15cm，上面零星压土，树干周围 15cm 内不覆盖。每年结合秋施基肥浅翻一次，也可结合深翻开大沟埋草。宜覆盖无纺布或园艺地布。

3.2　果园施肥

3.2.1　施肥原则

所施用肥料不得对果园环境和果实品质造成不良影响。提倡营养诊断和配方施肥。

3.2.2　施肥方法和数量

3.2.2.1　基肥

秋季采果后及时进行，不迟于 11 月底。以腐熟有机肥为主，可加入适量速效化肥。盛果期树每 $667m^2$ 施腐熟的农家肥 3000~5000kg，或商品有机肥 500~800kg，并混入尿素 15kg、硅钙镁肥 80kg。采用放射状沟施、环状沟施或平行沟施，沟深 40cm，肥料与土混匀后回填并及时灌水。

3.2.2.2　土壤追肥

第一次在萌芽前，以氮肥为主；第二次在花芽分化及果实膨大期，以磷钾肥为主，氮磷钾混合使用；第三次在果实生长后期，以钾肥为主。施肥量以当地土壤条件和施肥特点确定。结果树一般每生产100kg梨需要追施纯氮1.0kg、纯磷0.5kg、纯钾1.0kg。

3.2.2.3　叶面喷肥

全年4～5次。一般初花期喷1次硼砂或硼酸；花后喷2次，以优质钙肥为主；中后期喷2～3次，以磷、钾肥为主。常用肥料浓度：硼砂0.1%～0.3%，氨基酸钙300～500倍，磷酸二氢钾0.2%～0.3%。叶面喷肥宜避开高温时间，且最后一次叶面喷肥在距果实采收期20d以前进行。

3.3　水分管理

3.3.1　灌水

根据土壤墒情、梨树物候期及需水特性而定，宜在萌芽前、花后、果实膨大期、采果后、封冻前五个时期进行。灌水后及时松土，水源缺乏的果园还应用作物秸秆等覆盖树盘，以利保墒。宜采用滴灌、渗灌、微喷等节水灌溉措施和水肥一体化技术。

3.3.2　排水

当果园出现积水时，利用沟渠及时排水。

4　整形修剪

4.1　修剪原则

新建梨园稀植栽培可采用疏散分层形、自由纺锤形等，密植栽培可采用主干圆柱形。

4.2 疏散分层形

该树形干高 60～80cm，树高 3m 左右，全树配备 5～6 个主枝，下层 3～4 个，上层 2 个，每个主枝与主干的角度以 60°～70°为宜。适于稀植栽培，整形修剪步骤如下：

① 定植当年，定干高度 80～100cm，促发分枝，新梢停长后，进行拉枝固定，使其与中心干呈 50°促发分枝，新梢停长后，进行拉枝固定，使其与中心干成 60°～70°角。

② 第二年冬剪，对顶部壮枝于 70～80cm 处短截，培养中心干，下部选择 3 个着生部位好的枝条作为主枝培养，并在主枝长的 2/3 部位饱满芽处短截，促发侧枝，培养第一侧枝。

③ 第三年冬剪，继续对中心干短截，长度 70cm 为宜。对第一层主枝延长头短截，长度 40～50cm，促发分枝，培养第二侧枝。

④ 第四年冬剪，对上部新梢选择两个向行间延伸的枝条于 40cm 处短截，以培养第二层主枝。

⑤ 经过 4～5 年的修剪，树形已基本确定。以后随着树冠的扩展，每年对主枝和侧枝的延长枝剪去 1/3 左右，并继续在主枝的两侧留新的侧枝，以备回缩更新。

4.3 自由纺锤形

该树形干高 60cm，树高 3m 左右，在中心干不配备主枝，直接培养 10～15 个结果枝轴，且不分层。每结果枝轴之间的距离以 20～30cm 为宜，与中心干的着生角度为 70°～80°；其上不再配备侧枝，直接培养结果枝组。适于稀植栽培，整形修剪步骤如下：

① 定植当年，定干高度 60～80cm，中心干直立生长，冬剪时中心干延长枝剪留 50～60cm，下部枝条选留 3～4 个进行拉枝固定，与中心干呈 70°～80°角。

② 第二年冬剪，对中心干延长枝剪留 70～80cm，对下部枝条进行拉枝固定，与中心干呈 70°～80°角。

③ 第三年冬剪，继续对中心干短截，长度 80cm 为宜，并对当年新梢进行拉枝。

④ 第四年冬剪，结果枝轴数量达不到 12 个，继续短截，如树形基本成形，中心干的延长枝不再短截，长放。

4.4　主干圆柱形

该树形主干高 60cm 左右，树高 3m 以下，中心干上均匀着生 18～22 个大、中型枝组，与中心干的着生角度为 60°～70°，整行呈篱壁形。适于密植栽培，整形修剪步骤如下：

① 定植当年，对于高度大于 1.6m 的优质壮苗，不宜定干；如定植的苗木枝头过弱，可适当打头。

② 萌芽前距离地面 60cm 主干不刻，枝条最顶端 40cm 不刻，其余全刻；新梢长到 15～30cm 时用牙签开角，使新梢与中干呈 60°～70°角。

③ 生长 2～3 年后，单轴延伸的枝组延长枝可留基部明芽重截；对强枝短截后形成的枝组，可在大分枝处及时回缩更新；枝组基部粗度超过中干 1/3 时，利用附近或枝组后部的分枝进行更新；树冠下部的结果枝组，可在原有枝组的基础上留 1/3～1/2 长度的枝轴进行回缩。

5　花果管理

5.1　授粉

除利用间植授粉树自然授粉外，提倡人工授粉或放蜂辅助授粉。人工授粉可采取点授；放蜂可选用蜜蜂或壁蜂，每 666.7m² 梨园放一箱蜜蜂或 80～100 头壁蜂，开花前 2～3d（壁蜂于开花前 7～8d）置于梨园中。花期禁用杀虫剂。遇不良天气，可采用液体授粉方法进行辅助授粉。

5.2　防霜冻

花期注意霜冻防控，监测天气，采用花前灌水、霜冻来临前熏烟和树体喷水等方法预防。

5.3　疏花疏果

5.3.1　疏花

在花序分离期对过密花序、病弱及病虫花序疏除，疏花时先上后下，先内后外，疏去中心花，留 2~4 序边花，同一结果枝上间隔 10~20cm 留一花序。有晚霜发生的年份，宜在晚霜过后疏花。

5.3.2　疏果

花后 2 周疏除果，每隔 20cm 左右留一个发育良好的边果。按照留优去劣的疏果原则，树冠中后部多留，枝梢先端少留，侧生背下果多留，背上果少留。

5.4　果实套袋

5.4.1　纸袋选择

选用外黄内黑双层袋或内加一层衬纸的三层袋生产黄白色梨果，生产绿色或黄绿色梨果宜采用单层白蜡袋或全木浆黄色单层袋。

5.4.2　套袋时间

疏果完成后即可进行，宜盛花后 20d 开始套袋，5月底完成套袋。

5.4.3　套袋方法

套袋前喷 70％甲托可湿性粉剂 1000 倍液＋80％代森锰锌可湿性粉剂 800 倍液＋10％氯氰菊酯 2000 倍液＋1.8％阿维菌素乳油 4000~6000 倍液。对梨园套袋需按片进行，先套上部果，再套下部果。套袋时托起袋底，撑开袋口，使果实悬空置入袋内。将袋口折叠扎紧，勿伤果柄。喷药后 7d 内完成套袋。每花序套一果，一果一袋。

6　病虫害防治

6.1　防治原则

"预防为主，综合防治"，以农业和物理防治为基础，生物防治为核心，按照病虫害发生规律，科学使用化学防治技术。

6.2　防治方法

允许使用的杀虫杀菌剂见附录 A。

6.3　主要病虫害防治

科学掌握防治时期、适宜浓度等，尽量减少施药量和次数，严格遵守施药到采收的间隔时间。常见病虫害及防治方法见附录 B。

7　采收

根据果实成熟度和不同用途分期、分批采收。采收时，手握果实向上轻抬，连同果袋一起采下，轻轻放入周转箱等容器中，尽量减少摩擦和碰伤。

附录 A
无公害农产品山东梨允许使用的杀虫杀菌剂

农药种类	稀释倍数和使用方法	防治对象
石硫合剂	5°Bé，喷施	越冬病虫害：蚧类、叶螨、蚜虫、黑星病、轮纹病等
10%吡虫啉可湿性粉剂	2000 倍液，喷施	梨木虱，蚜虫
5%尼索朗乳油	2000 倍液，喷施	叶螨
50%辛硫磷乳油	1500 倍液，喷施	蚜虫、桃小食心虫
1%甲维盐乳油	2000 倍液，喷施	食心虫、桃蛀螟、叶螨
1.8%阿维菌素乳油	4000 倍液，喷施	梨木虱，叶螨
20%螨死净乳油	2000 倍液，喷施	桃小食心虫、叶螨
10%氯氰菊酯乳油	2000 倍液，喷施	梨小食心虫、梨木虱、蚜虫
22.4%螺虫乙酯悬浮剂	3000 倍液，喷施	梨木虱、黄粉蚜、蚧壳虫
80%代森锰锌可湿性粉剂	800 倍液，喷施	黑星病、轮纹病、白粉病
石灰倍量式波尔多液	200 倍液，喷施	黑星病、轮纹病、炭疽病
4%农抗 120 水剂	300 倍液，喷施	腐烂病、白粉病
27%铜高尚悬浮剂	800 倍液，喷施	黑星病、轮纹病
43%戊唑醇悬浮剂	3000 倍液，喷施	黑星病、锈病、轮纹病
10%苯醚甲环唑可湿性粉剂	1500 倍液，喷施	黑星病轮纹病炭疽病
70%甲基托布津可湿性粉剂	1000 倍液，喷施	黑星病、轮纹病

附录 B
无公害农产品山东梨常见病虫害及防治方法

物候期	防治对象	防治适期或指标	防治措施
落叶至萌芽前	腐烂病、干腐病、枝干轮纹病、叶螨、蚜虫类、介壳虫类、梨木虱	11 月份及 2～3 月份	清除枯枝落叶，将其深埋或烧毁。结合冬剪，剪除病虫枝梢、病僵果、翻树盘及刮除老粗翘皮、病瘤、病斑等 喷布腐必清、农抗 120、菌毒清或 3～5°Bé 石硫合剂（兼治越冬态的叶螨和蚜类）

续表

物候期	防治对象	防治适期或指标	防治措施
萌芽至开花前	腐烂病、干腐病、枝干轮纹病、叶螨类、蚜类、卷叶虫、梨木虱	3月下旬～4月份，上年梨木虱、二叉蚜重的园片于铃铛花期	继续刮除病斑和病瘤，并涂腐必清或农抗120等消毒，对大病疤及时桥接复壮 喷布戊唑醇或甲基托布津，加10％吡虫啉，加氯氰菊酯或阿维虫清1次
花期	缩果病	盛花期	喷300～400倍硼砂加100倍白糖
落花后至幼果套袋前	黑星病、赤星病、梨木虱、蚜虫类、生理病害	落花后1周开始至套袋前	喷布甲基托布津、80％代森锰锌，加10％苯醚甲环唑的同时加吡虫啉、阿维菌素类，每15d左右喷1次，交替使用，为防生理病害可掺氨基酸钙等
果实膨大期	黑星病、轮纹病桃小食心虫梨木虱、黄粉蚜二斑叶螨	重点在雨前喷药越冬代出土始期和盛期，卵果率达1％时7～8头/叶	以波尔多液与内吸性强的杀菌剂交替使用 地面喷布50％辛硫磷，树上喷桃小灵或阿维菌素或吡虫啉，喷布阿维菌素混加螨死净或尼索朗等
果实采收前后	黑星病、轮纹病、黄粉蚜、康氏粉蚧	采前30d	喷布生物源制剂或低毒低残留农药，如1％中生菌素水剂或铜高尚，喷5％甲维盐或25％扑虱灵可湿粉，在树干上绑草把诱集捕杀，树干上涂白防止产卵，兼治其它病害

注：1.各山东梨产区小气候不同，病虫害发生时期和种类各异，各产区应根据本区病虫害发生的具体情况，灵活掌握。

2.套袋栽培的梨园，防治蛀果害虫的喷药次数酌减，而对暗光危害的黄粉蚜、康氏粉蚧的防治应加强。

第六节 莱阳茌梨生产技术

1 土壤条件

宜选择土层深厚、排水良好、有机质含量≥0.8%、地下水位 1m 以下的砂质壤土，土壤 pH5.5~8.0，含盐量不超过 0.3%。

2 苗木栽植

2.1 砧木及苗木质量要求

莱阳茌梨砧木宜选用杜梨或豆梨。芽苗要求砧木粗 0.7cm 以上，芽饱满、根系发达，提倡使用无病毒苗木。

2.2 栽植时间

适于春栽，以 3 月中下旬为宜。

2.3 栽植密度

根据园地立地条件、树形和管理水平而定。稀植栽培采用株行距（3~4）m×（4~5）m，密植栽培采用株行距（1.5~2）m×（3.5~4）m。

2.4 授粉树配置

选择花期一致、亲和性好、花粉量大、果实具有一定经济价值的品种作授粉树，如秋白梨、栖霞大香水、鸭梨、长把梨、莱阳小香水、雪花梨等，主栽品种与授粉品种栽植比例为（4～6）∶1。

3　土肥水管理

3.1　土壤管理

3.1.1　深翻改土

分为扩穴深翻和行间耕翻。

（1）扩穴深翻　结合秋施基肥进行，深度在40～60cm，土与肥混合拌匀后覆土灌水，使根土密接，逐年往外扩展。

（2）行间耕翻　每年春季和秋冬季进行两次行间耕翻，深度15～20cm，将杂草翻入土内。

3.1.2　树盘覆盖

夏初至秋末用秸秆、堆肥、绿肥、锯末或田间杂草等覆盖树盘，厚度10～15cm，上面零星压土，树干周围15cm内不覆盖。每年结合秋施基肥浅翻1次，也可结合深翻开大沟埋草。宜覆盖无纺布或园艺地布。

3.1.3　种植绿肥和行间生草

成年梨园行间自然生草或种植禾本科、豆科植物，如早熟禾、鼠茅草、燕麦草、紫花苜蓿等，适时刈割，覆盖于树盘。

3.2　施肥

3.2.1　施肥原则

所施用肥料不得对果园环境和果实品质造成不良影响。提倡营养诊断和配方施肥。

3.2.2　施肥方法和数量

3.2.2.1　基肥

秋季采果后及时进行，不迟于 11 月底。以腐熟有机肥为主，可加入适量速效化肥。盛果期树每 $666.7m^2$ 施腐熟的农家肥 $3000 \sim 5000kg$，或商品有机肥 $500 \sim 800kg$，并混入尿素 15kg、硅钙镁肥 80kg。采用放射状沟施、环状沟施或平行沟施，沟深 40cm，肥料与土混匀后回填并及时灌水。

3.2.2.2　土壤追肥

分为追肥时期、追肥量和追肥方法。

（1）追肥时期　第一次在萌芽前，以氮肥为主；第二次在花芽分化及果实膨大期，以磷钾肥为主，氮磷钾混合使用；第三次在果实生长后期，以钾肥为主。

（2）追肥量　以当地土壤条件和施肥特点确定。结果树每生产 100kg 梨需要追施纯氮（N）1.0kg、纯磷（P_2O_5）0.5kg、纯钾（K_2O）1.0kg。

（3）追肥方法　在树冠垂直投影向内 50cm，多点穴施或开浅沟施入，施后灌水。

3.2.2.3　叶面追肥

全年 4～5 次。初花期喷 1 次硼砂或硼酸；花后喷 2 次，以优质钙肥为主；中后期喷 2～3 次，以磷、钾肥为主。常用肥料浓度：硼砂 0.1%～0.3%，氨基酸钙 300～500 倍。叶面喷肥宜避开高温时间，且最后一次叶面喷肥在距果实采收期 20d 以前进行。

3.3　水分管理

3.3.1　灌水时期与方法

根据土壤含水量、梨树物候期及需水特性，宜掌握在发芽前至开花前、谢花后、果实膨大期及采收后适时灌水，保证土壤相对含水量保持田间最大持水量的 60%～80%。宜应用滴灌、渗灌、微喷等节水灌溉和水肥一体化技术。

3.3.2　排水

当果园出现积水时，要利用沟渠及时排水。

4　整形修剪

4.1　修剪原则

新建梨园密植栽培可采用主干圆柱形，稀植栽培可采用主干疏层形，老梨园改造多采用延迟开心形。

4.2　主干圆柱形

该树形主干高 60cm 左右，树高 300cm 以下，中心干上均匀着生 18～22 个大、中型枝组，适于密植栽培。
整形修剪步骤如下：

（1）定植当年，对于高度大于 1.6m 的优质壮苗，不宜定干；如定植的苗木枝头过弱，可适当打头。

（2）萌芽前距离地面 60cm 主干不刻，枝条最顶端 40cm 不刻，其余全刻；新梢长到 15～30cm 时用牙签开角，使新梢与中干呈 60°～70°角。

（3）生长 2～3 年后，单轴延伸的枝组延长枝可留基部明芽重截；对强枝短截后形成的枝组，可在大分枝处及时回缩更新；枝组基部粗度超过中干 1/3 时，利用附近或枝组后部的分枝进行更新；树冠下部的结果枝组，可在原有枝组的基础上留 1/3～1/2 长度的枝轴进行回缩。

4.3 主干疏层形

该树形干高 60～70cm，具有明显的中干，主枝分层排列于中干上。第一层有 3 个主枝，第二层 2 个主枝，第三层有 1 个主枝，全树共有 6 个主枝，相邻两层主枝不重叠，适于稀植栽培。整形修剪步骤如下：

（1）定植当年，定干高度 70～80cm，促发分枝，新梢停长后，进行拉枝固定，使其与中心干呈 50°～60°角。

（2）第二年冬剪，对顶部壮枝于 80～100cm 处短截，培养中心干，下部选择 3 个着生部位好的枝条作为主枝培养，并在主枝长的 2/3 部位饱满芽处短截，促发侧枝，培养第一侧枝。

（3）第三年冬剪，继续对中心干短截，长度 60～80cm 为宜。对第一层主枝延长头短截，长度 40～50cm，促发分枝，培养第二侧枝。对第二层主枝，选留 2～3 个，去强留弱甩放。新梢停长后，进行拉枝，使其与中心干呈 50°角，冬剪时甩放。

（4）第四年冬剪，继续对中心干进行短截，长度以 60～80cm 为宜。对第一层主枝延长头和第一、第二侧枝适当短截。对第二层主枝背上枝疏除，侧生枝开角甩放。对第三层主枝，选留 1 个，新梢停长后，进行拉枝固定，使其与中心干呈 50°角。

（5）第五年冬剪，甩放中心干或换头控制顶端优势。经过 4～5 年的修剪，树形已基本确定。以后随着树冠的扩展，每年对主枝和侧枝的延长枝剪去 1/3 左右，并继续在主枝的两侧留新的侧枝，以备回缩更新。

4.4　延迟开心形

该树形在前期与主干疏层形基本相同，当树龄达到盛果期前，使树冠上部开心，适于老梨园改造。整形修剪步骤如下：

（1）在幼树整形过程中，按主干疏层形整形。当树龄达到盛果期前，在第五、六主枝以上处，将中干上部割去，使树冠上部开心。

（2）随着主枝延伸和负载，主枝成为水平状态，并发生多数斜向上的侧枝，作为结果的主要部位。以后主枝下垂，短截这种下垂的主枝部分，在剪口下保留一个向上生长的侧枝作为主枝的延长枝，延长枝继续延长趋向下垂时，再进行短截，使莱阳茌梨的树冠得到不断更新。

（3）对主枝上的直立侧枝，每年进行较重的短截，以促生较多的分枝和限制其迅速向上生长。向上的侧枝每年生长远离主枝时，可利用基部的枝条进行更新。部分角度过大的骨干枝，可在二、三年生部位回缩。

5　花果管理

5.1　授粉

除利用间植授粉树自然授粉外，可采用人工授粉、蜜蜂或壁蜂授粉等辅助措施。

（1）人工授粉　采集含苞待放（气球期）的花蕾，取出花药置于 $20\sim25℃$ 条件下烘制花粉。盛花期时进行授粉，$1\sim2d$ 内完成。花粉应放入干燥密封的 $0\sim4℃$ 环境中避光保存。采用液体喷雾、人工点授等方法授粉。

（2）蜜蜂或壁蜂授粉　每 $666.7m^2$ 梨园放一箱蜜蜂或 $80\sim100$ 头壁蜂，开花前 $2\sim3d$（壁蜂于开花前 $7\sim8d$）置于梨园中。花期禁用杀虫剂。

5.2　防霜冻

花期注意霜冻防控，监测天气，采用花前灌水、霜冻来临前熏烟等方法预防。

5.3　疏花疏果

5.3.1　疏花

在花序分离期对过密花序、病弱及病虫花序疏除，注意保留果台枝，疏花时要先上后下，先内后外，疏去中心花，留 2～4 序边花，同一结果枝上间隔 10～20cm留一花序。有晚霜发生的年份，宜在晚霜过后疏花。

5.3.2　疏果

于盛花后 2 周开始疏果，30d 内结束，同时对保留的果掐去花萼。疏除小果、畸形果、病虫果、背上果，保留两侧和背下的大果、端正果，每花序留一个果，幼果间距 20～25cm 为宜。每 667m^2 产量控制在 3000kg左右。

6　病虫害防治

6.1　防治原则

坚持预防为主、综合防治的原则。以农业和物理防治为基础，生物防治为核心，按照病虫害发生规律，科学使用化学防治技术。

6.2　防治方法

允许使用的杀虫杀菌剂见附录 A。

6.3　主要病虫害

主要病害有梨黑星病、轮纹病、褐斑病、黑斑病、锈病等，主要虫害包括梨小食心虫、梨木虱、黄粉虫蚜、康氏粉蚧、梨茎蜂、山楂叶螨等。莱阳茌梨无公害生产病虫害防治历见附录 B。

7　采收

根据果实成熟度、运输条件、市场需求等因素确定适宜采收期，以 10 月 1 日后采收为宜。采果时备好采果用具，轻摘、轻放，防止机械伤害。

附录 A
莱阳茌梨园允许使用的杀虫杀菌剂

农药种类	稀释倍数和使用方法	防治对象
石硫合剂	5°Bé，喷施	越冬病虫害：蚧类、叶螨、蚜虫、黑星病、轮纹病等
10%吡虫啉可湿性粉剂	2000 倍液，喷施	梨木虱，蚜虫
1.8%阿维菌素乳油	4000 倍液，喷施	梨木虱，叶螨
20%螨死净乳油	2000 倍液，喷施	桃小食心虫、叶螨
10%氯氰菊酯乳油	2000 倍液，喷施	梨小食心虫、梨木虱、蚜虫
2.5%功夫菊酯乳油	2000 倍液，喷施	梨小食心虫、梨木虱、蚜虫
22.4%螺虫乙酯悬浮剂	3000 倍液，喷施	梨木虱、黄粉蚜、蚧壳虫
80%代森锰锌可湿性粉剂	800 倍液，喷施	黑星病、轮纹病、白粉病

续表

农药种类	稀释倍数和使用方法	防治对象
25%吡唑醚菌酯悬浮剂	1500 倍液，喷施	黑星病、白粉病、炭疽病
石灰倍量式波尔多液	200 倍液，喷施	黑星病、轮纹病、炭疽病
43%戊唑醇悬浮剂	3000 倍液，喷施	黑星病、锈病、轮纹病
10%苯醚甲环唑可湿性粉剂	1500 倍液，喷施	黑星病轮纹病炭疽病
70%甲基托布津可湿性粉剂	1000 倍液，喷施	黑星病、轮纹病

附录 B
莱阳茌梨无公害生产病虫害防治历

时间	防治对象	防治措施
1～3 月上旬 休眠期	黑星病、轮纹病、干腐病、黑斑病、梨小食心虫、梨木虱、黄粉蚜、梨网蝽、山楂叶螨、蚧壳虫等	① 清理果园，清除落叶、枯枝、杂草及病虫果（枝），集中烧毁 ② 刮除大枝、树干的老翘皮，结合冬剪去除病虫枝，并集中烧毁
3 月中旬～ 4 月上旬 萌芽至开花前	黑星病、轮纹病、干腐病、梨木虱、黄粉蚜、螨类、梨茎蜂等	① 鳞片露白期喷施 5°Bé 石硫合剂 1 次，降低全园病虫害基数。用甲硫萘乙酸膏剂涂抹刮除后的病斑，防治腐烂病、干腐病、轮纹病等 ② 花序分离期喷 10%苯醚甲环唑微乳剂 5000～6000 倍液＋25g/L 高效氯氰菊酯乳油 3000～4000 倍液＋10%吡虫啉可湿性粉剂 2000～3000 倍液
4～5 月 花前花后	黑星病、锈病、黑斑病、梨茎蜂、梨木虱、蚜虫、红蜘蛛等	① 悬挂黄板，诱杀梨茎蜂 ② 谢花 90%时喷 43%戊唑醇悬浮剂 3000～4000 倍液＋10%吡虫啉可湿性粉剂 2000～3000 倍液＋1.8%阿维菌素乳油 4000～6000 倍液

续表

时间	防治对象	防治措施
5月中旬～ 6月下旬 新梢生长、 幼果膨大期	梨轮纹病、黑斑病、 梨小食心虫、梨木虱、 黄粉蚜、康氏粉蚧	① 采用性诱芯、糖醋液、杀虫灯等诱杀多种害虫 ② 套袋前喷 70%甲基托布津可湿性粉剂 1000 倍液＋80%代森锰锌可湿性粉剂 800 倍液＋10%氯氰菊酯 2000 倍液＋1.8%阿维菌素乳油 4000～6000 倍液 ③ 6 月中下旬，喷石灰倍量式波尔多液 200 倍液＋22.45 螺虫乙酯悬浮剂 3000 倍液＋20%螨死净乳油 2000～3000 倍液
7月上旬～ 8月中下旬 果实膨大期	梨轮纹病、炭疽病、 白粉病、梨小食心虫、 梨木虱、黄粉蚜	以内吸性强的 70%甲基托布津可湿性粉剂 1000 倍液、25%吡唑醚菌酯悬浮剂 1500 倍液与保护性杀菌剂代森锰锌 800 倍液交替使用；杀虫剂可选用 10%吡虫啉可湿性粉剂 3000 倍液和2.5%功夫菊酯 2000 倍液
9～10 月 采收后	轮纹病、梨小食心虫、 山楂叶螨	在树干上绑缚干稻草、诱虫带等，诱集越冬害虫，次年春季收集烧毁
11～12 月 落叶后	梨病虫害	清除枯枝落叶、病虫枝、病僵果，减少越冬病虫害 结合冬剪去除病虫枝
说明	该防治历防治时间以莱阳地区为准，其它梨区应根据物候期并结合当地气候条件灵活选用相应措施	

第七节　桃生产技术

1　园地选择与规划

1.1　环境条件

应选择在生态条件良好，无污染的地区，远离工矿区、铁路干线等，具有可持续生产能力的农业生产区域。不应在重茬地和低洼易积水地栽植。

1.2　气候条件

适宜的年平均气温为 12～17℃，绝对最低温度≥－23℃，休眠期≤7.2℃的低温积累 500 小时以上；年日照时数≥1200 小时。

1.3　土壤条件

土壤质地以砂壤土、壤土为宜，理化性状良好，排水方便。土壤 pH 4.5～7.5 可以栽植，以 pH 6.5～7.0 为宜，盐分含量小于 2g/kg，有机质含量宜大于 10g/kg，地下水位在 1.0m 以下。

1.4　园地规划

园地规划包括小区划分、道路及排灌系统、电力系统和附属设施等。10°以下坡提倡梯改坡栽植。栽植行宜采用南北向，梯改坡采用顺坡栽植。

2　品种与砧木选择

2.1　品种选择

选择适宜当地土壤、气候特点，抗病、抗逆性强，适应性广、商品性能好、优质丰产的品种，根据市场需求，成熟期合理搭配，宜选择花粉量大，能自花授粉的品种。无花粉或少花粉的品种应选择 2～3 个授粉品种，主栽品种和授粉品种的比例（5～8）：1。

2.2　砧木选择

砧木以山桃、毛桃为宜。

3　定植

3.1　整地施肥

定植前开沟，沟宽 80～100cm，深不少于 60cm，回填时沟底施足基肥。基肥用量：农家肥每 667m^2 不少于 8000kg，或商品有机肥，每 667m^2 不少于 2000kg。

宜采用起垄栽培，结合回填起垄，垄宽 1m 左右，高 30～40cm。回填起垄后浇水沉实，苗木栽植在垄上。

3.2　苗木质量要求

应选择品种纯正的嫁接苗，苗木高度 90cm 以上，嫁接口以上 5cm 处直径 1.0cm 以上，整形带内饱满芽 8 个以上，砧穗愈合良好。有主根和较发达的须根，侧根长度 15cm 以上，无根瘤和根结线虫等病虫害，无枝干病虫和机械损伤。并遵循 DB37/T 2544 的有关规定。

3.3　栽植密度

宜采用宽行密植，具体栽植密度根据园地立地条件、品种、整形修剪方式而定，一般缓坡地以（1.5～2.5）m×

(4～6)m 为宜，丘陵山地 3m×4m 为宜。

3.4　定植时期

秋季落叶后或次年春季萌芽前均可，越冬抽条现象较严重的区域以春季定植为宜。

3.5　定植方法

定植前对根系进行修剪，将断根处剪平，用 k84 放线菌 1～2 倍液蘸根。定植时开挖 40cm 见方的定植穴，将苗木放入定植穴内，根系要舒展，填土并踏实。栽植深度以浇水沉实后根茎部位与地表相平即可。

4　土肥水管理

4.1　土壤管理

4.1.1　覆盖

覆盖材料可选用作物秸秆、粉碎的树皮、蘑菇棒、通过发酵处理的牛羊粪等有机物料以及园艺地布等，将覆盖物覆盖到行内。有机物料覆盖宽度 1m 左右，厚度 10～15cm。园艺地布可选用宽 75～90cm 的宽幅，沿树干方向左右各覆一幅。

4.1.2　果园生草

4.1.2.1　生草方式

提倡行间生草，行内覆盖的方式。生草包括自然生草和人工生草两种方式。

4.1.2.2　自然生草

利用当地的杂草，拔除深根性、高秆杂草，保留浅根性、矮秆杂草；当草长到 30～40cm 时进行刈割，建议留茬高度 5～10cm，每年 8 月份行间旋耕 1 次。

4.1.2.3　人工生草

以豆科类、禾本科类牧草为宜，推广种植长柔毛野豌豆、紫花苜蓿、黑麦草等。需要刈割的牧草按照自然生草刈割要求及时进行刈割。

4.2　施肥

4.2.1　秋施基肥

4.2.1.1　时间

早中熟品种 8 月底～9 月中旬，晚熟品种果实采收后至落叶前，越早越好。

4.2.1.2　肥料种类

以充分腐熟的优质农家肥或商品有机肥为主，辅以速效性氮磷钾和中微量元素肥。

4.2.1.3　施肥量

按产量确定，每生产 100kg 果实施用充分腐熟的优质农家肥 150～200kg，或有机质含量 50％以上商品有机肥或生物有机肥 15～25kg，混用氮磷钾肥。氮磷钾用量为每生产 100kg 果实，加用纯氮 0.6～0.8kg，P_2O_5 0.3～0.5kg，K_2O 0.8～1kg。并混用含钙、镁、硼、锌、铁等螯合态中微量元素肥 1.5～2.5kg。

4.2.1.4　施肥方法

采用放射状沟、条状沟、环状沟施肥法，沟宽 20～30cm，深 30～40cm。施肥部位：条状沟、环状沟树冠垂直投影向内开挖，放射状沟靠近树干一端距树干 60cm以上，外端不超过树冠垂直投影。基肥提倡集中施用，肥料应与土充分混合。

4.2.2　追肥

4.2.2.1　土壤追肥

肥料可选用全水溶冲施肥，结合肥水一体化进行追施。追肥的次数、时间、用量等根据品种、树龄、栽培管理方式、生长发育时期以及外界条件等而有所不同。通常于萌芽前、花芽分化期、果实膨大期及果实采收后分 3～4 次进行，前期以氮磷为主，后期以磷钾为主。果树萌芽前每 $667m^2$ 可结合浇水施用高氮、高磷水溶肥10～15kg，加用黄腐酸肥料 10～15kg，果实硬核期每$667m^2$ 施用高磷、高钾水溶肥 10～15kg，加用黄腐酸肥料 10～15kg，果实采收前 20d 左右施用高钾水溶肥 10～15kg，果实采收后及时补充肥料，后期尽量控制氮肥施用量。

4.2.2.2　根外追肥

结合病虫害防治进行叶面追肥。盛花期喷施 1 次0.2%的硼砂溶液，果实膨大期喷施 2～3 次 0.3%～0.5%磷酸二氢钾溶液，落叶前喷施 1 次 2%～5%的尿素液。

4.3 水分管理

4.3.1 灌溉

浇水时期掌握在萌芽前、果实迅速膨大期和土壤封冻前，同时结合天气情况灵活掌握。灌溉方式宜采用滴管、喷灌等节水灌溉技术，并配套肥水一体化设施，或采用行间沟灌技术。

4.3.2 排水

完善排灌系统，汛期及时排出果园积水。

5 整形修剪

5.1 树形

5.1.1 树形选择原则

简化修剪技术，根据品种特性、栽植密度和管理方式，主要采用主干形、Y形和三、四主枝无侧枝开心形。

5.1.2 主干形

干高 $50\sim60cm$，树高 $2.5\sim3m$，有明显的中心干，中心干直立，其上均匀分布 $20\sim30$ 个结果枝，结果枝粗度不超过其着生部位的 $1/4$，角度 $80°\sim90°$。

5.1.3　Y形

主干高度 50~60cm，其上着生两个主枝，对生，伸向行间，无中心干，两主枝夹角 50°~60°，主枝上无侧枝，直接着生结果枝组。

5.1.4　三、四主枝无侧枝开心形

干高 50~60cm，其上水平方位均匀着生 3~4 个主枝，无中心干，主枝基角 20°~25°，主枝上无侧枝，直接着生结果枝组。

5.2　修剪技术

包括冬剪和夏剪，以冬剪为主、夏剪为辅。冬剪主要采取长枝修剪的方法调整树体结构，结合长放、疏枝、回缩、拉枝、压枝等修剪方法维持树势平衡；夏剪主要通过抹芽、摘心等方法改善光照，疏除竞争枝，清头，保持主枝单轴延伸，主从分明。

6　花果管理

6.1　授粉

6.1.1　花期放蜂

花期释放壁蜂、蜜蜂或熊蜂。壁蜂或熊蜂于开花前 3~4d 放入果园，每 667m² 200~500 头；蜜蜂于开花前

10d 左右放入果园，每 $667m^2$ 2000～3000 头。

6.1.2　人工点授

选择晴天上午，用带橡皮头的铅笔或用羽毛、烟蒂等做成的授粉棒，蘸上稀释后的花粉，由树冠内向外按照枝组顺序进行，点授到新开的花柱头上。长果枝点 5～6 朵，中果枝 3～4 朵，短果枝、花束状果枝 1～3 朵；每蘸 1 次可授 5～10 朵花，每序授 1～2 朵花，被点授的花朵在树冠内分布均匀。

6.1.3　液体授粉

将花粉配制成花粉液，花期用喷雾器喷洒。花粉液的配制方法为：先用白糖 250g，加尿素 15g、水 5kg，配成糖尿混合液，临喷前加花粉 10～12g、硼砂 5g，充分混匀。

6.2　疏花疏果

6.2.1　疏花

在蕾期至花期人工疏花。主要疏除畸形花、弱小的花、朝天花、无叶花，留下先开的花，疏掉后开的花；疏掉丛花，留双花、单花；疏基部花，留中部花。全树的疏花量约 1/3。

6.2.2　疏果

疏果的原则是以产定果，盛果期树要求每 $667m^2$ 产量控制在 3000kg 左右。大型果少留，小型果多留，长果枝留 3～4 个，中果枝留 2～3 个，短果枝、花束状结果枝各 1 个。疏果在谢花后 10～15d，疏除小果、黄萎果、病虫果、并生果、无叶果、朝天果、畸形果。

6.3 套袋与摘袋

6.3.1 套袋

定果后及时套袋，选用材质牢固、耐雨淋日晒的袋子，套袋时间以晴天 9～11 时和 15～18 时为宜。套袋前 3～5d 喷施 1 次杀虫剂和保护性杀菌剂。

6.3.2 摘袋

果实成熟前 10～20d 摘袋，浅色品种不用去袋，采收时果与袋一起摘下。

7 病虫害防控

7.1 防控原则

积极贯彻"预防为主，综合防治"的方针。以农业和物理防控为基础，提倡生物防控，按照病虫害的发生规律，科学使用化学防控技术，将各种病虫害控制在经济阈值范围内。

7.2 农业防控

通过选用抗性品种、合理施肥、科学的土壤管理、合理修剪等综合农艺管理措施，培育健壮树体，提高树体的抗逆能力，采取剪除病虫枝、人工捕捉、清除枯枝落叶、耕翻树盘、地面秸秆覆盖等措施抑制或减少病虫害发生。

7.3　物理防控

刮除树干翘裂皮消灭越冬害虫，降低越冬害虫基数，利用糖醋液（糖 5 份，酒 5 份，醋 20 份，水 80 份）、绑草把等诱杀害虫，人工、机械捕捉害虫。

7.4　生物防控

保护利用天敌、利用有益微生物或其代谢物、性信息素（性诱芯、性迷向丝）诱杀和控制害虫的发生。

7.5　化学防控

7.5.1　化学防控原则

控制施药量与安全间隔期，并遵照国家有关规定。科学合理地使用各种农药，坚持一药多治，尽量减少化学农药使用量。

7.5.2　主要病虫害防控方法

参见附录 A。

7.5.3　部分农药使用方法

参见附录 B。

8　植物生长调节剂应用

允许有限度使用对改善和提高果实品质和产量有明显作用的植物生长调节剂，禁止使用对环境造成污染和对人体健康有危害的植物生长调节剂。

9　果实采收

根据品种特性、果实成熟度、销售距离、运输工具和市场需求等条件，在果实表现固有的品质特性（色泽、风味和口感等）时开始采收。成熟期不一致的品种，应分期采收。采收宜在晴天上午或阴天进行，雨天或中午烈日高温时不宜采果。整个采收过程中避免机械损伤和暴晒。

10　生产废弃物处理

及时回收废旧套袋、反光膜、农药包装物等生产废弃物；清理生产中产生的落叶、枝条，可作为有机肥、生物质能源的原料。

11　生产档案

建立田间生产资料使用记录、生产管理记录、收获记录、产品检测记录及其他相关质量追溯记录，并保存2年以上。

附录 A

（规范性附录）

主要病虫害防控方法

序号	主要病虫害	防控时期	防控方法	备注
1	桃穿孔病	萌芽前	石硫合剂 3～5°Bé，全园喷施	
		展叶期、果实膨大期	25%噻枯唑可湿性粉剂 600～800 倍液＋4%春雷霉素可湿性粉剂 1200～1500 倍液，全树喷施	
2	桃炭疽病	萌芽前	石硫合剂 3～5°Bé，全园喷施	药剂交替使用
		谢花后 7～10d、采收前 20d	10%苯醚甲环唑水分散剂 1500～2000 倍液，或 25%吡唑醚菌酯 2000～3000 倍液，或 10%多抗霉素 1500 倍液，加 70%甲基硫菌灵可湿性粉剂 800 倍液，或 50%多菌灵可湿性粉剂 600 倍液，或 500%克菌丹可湿性粉剂 500 倍液，全园喷施	
3	桃流胶病	萌芽前	石硫合剂 3～5°Bé	药剂交替使用
		生长季节	4%春雷霉素可湿性粉剂 1200～1500 倍液，或 3%中生菌素可湿性粉剂 800～1000 倍液，或 80%代森锰锌可湿性粉剂 800 倍液，加 70%甲基硫菌灵可湿性粉剂 800 倍液，或 50%多菌灵可湿性粉剂 600 倍液，全园喷施	
4	桃褐腐病	萌芽前	石硫合剂 3～5°Bé，全园喷施	药剂交替使用
		花前、花后、果实成熟前 30d	75%肟菌·戊唑醇悬浮剂 4000～5000 倍液，或 10%多抗霉素 1500 倍液，加 70%甲基硫菌灵可湿性粉剂 800 倍液，或 50%多菌灵可湿性粉剂 600 倍液，或 500%克菌丹可湿性粉剂 500 倍液，全园喷施	
5	桃细菌性根癌病	栽植前后	1%的硫酸铜溶液，或 K84 放线菌 30 倍液浸蘸或浇灌根系	
		生长期	3%中生菌素 800 倍液灌根	

序号	主要病虫害	防控时期	防控方法	备注
6	梨小食心虫	卵高峰期、幼虫孵化期	2.5%的灭幼脲悬浮剂 1500～2000 倍液，或 2%的高氯甲维盐 1500 倍液，全园喷施	药剂交替使用
7	蚜虫类	萌芽后或发生时	10%吡虫啉可湿性粉剂 4000 倍液，或 3%啶虫脒乳油 2000 倍液，或 22.4%的螺虫乙酯乳油 3000 倍液，全园喷施	药剂交替使用
8	蚧壳虫类	萌芽前	石硫合剂 3～5°Bé，全园喷施	
		若虫孵化期	22.4%的螺虫乙酯乳油 3000 倍液，喷施大枝干	
9	山楂红蜘蛛	萌芽前	石硫合剂 3～5°Bé，全园喷施	
		谢花后及发生时	24%螺螨酯悬浮剂 5000 倍液，或 15%哒螨灵乳油 1500 倍液，全园喷施	药剂交替使用
10	潜叶蛾类	谢花后及发生时	2%的高氯甲维盐乳油 1500 倍液，或 2.5%的灭幼脲悬浮剂 1500 倍液，或 1%甲维盐乳油 1000 倍液	药剂交替使用

附录 B

（规范性附录）

部分农药使用方法

农药名称	毒性	防治对象	稀释倍数	1 年最多使用次数	安全间隔期/d
石硫合剂	低	缩叶病、细菌性穿孔病、炭疽病、褐腐病、疮痂病、叶螨、桑白蚧等	萌芽前 3～5°Bé，蕾期 0.3～0.5°Bé	2	15
波尔多液	低	细菌性穿孔病、缩叶病、炭疽病等	1:2:200	1	15

续表

农药名称	毒性	防治对象	稀释倍数	1年最多使用次数	安全间隔期/d
50%多菌灵可湿性粉剂	低	细菌性穿孔病、炭疽病、褐腐病、流胶病、缩叶病等	500～700	3～4	25
70%甲基硫菌灵可湿性粉剂	低	炭疽病、褐腐病、流胶病、缩叶病等	800～1000	3～4	25
50%克菌丹可湿性粉剂	低	炭疽病、疮痂病等	400～500	1～2	15
80%代森锰锌可湿性粉剂	低	流胶病、疮痂病、褐斑病等	800	2～3	15
4%春雷霉素可湿性粉剂	低	流胶病，疮痂病，穿孔病等	1200～1500	3～4	21
3%中生菌素可湿性粉剂	低	流胶病，疮痂病，穿孔病等	800～1000	3～4	15
10%苯醚甲环唑水分散剂	低	疮痂病、炭疽病、白粉病、褐斑病等	1500～2000	1～2	7
10%多抗霉素可湿性粉剂	低	炭疽病、褐腐病等	1000～1500	2～3	15
75%肟菌·戊唑醇悬浮剂	低	褐腐病、炭疽病等	4000～5000	2～3	21
25%噻枯唑可湿性粉剂	低	细菌性穿孔病等	600～800	2～3	15
15%三唑酮可湿性粉剂	低	褐锈病、白粉病等	1500	2	15
25%吡唑醚菌酯乳油	低	疮痂病、白粉病、褐斑病等	2000～3000	2～3	15
98.8%机油乳剂	低	桑白蚧、朝鲜球坚蚧、桃蚜等	50～100	2	20

农药名称	毒性	防治对象	稀释倍数	1年最多使用次数	安全间隔期/d
4.5%氯氟氰菊酯乳油	低	桃蚜、叶蝉、桃蛀螟等	2000	2～3	30
20%虫酰肼乳油	低	刺蛾、卷叶蛾等	1000～1500	1～2	21
40%（油）硫酸烟碱水剂	中	桃蚜、桃粉蚜、瘤蚜、叶蝉等	500～1000	1～2	10
3%啶虫脒乳油	中	桃蚜、桃粉蚜、瘤蚜等	2000～2500	1	14
10%吡虫啉可湿性粉剂	低	桃蚜、桃粉蚜、一点叶螨等	4000～6000	2	30
22.4%螺虫乙酯悬浮剂	低	桃蚜、粉蚧、蚧壳虫、叶蝉等	3000～4000	1～2	30
1%甲维盐乳油	低	桃潜叶蛾、桃蛀螟、梨小食心虫、桃小食心虫等	1000～1200	2	14
2%高氯甲维盐乳油	低	桃潜叶蛾、桃蛀螟、梨小食心虫、桃小食心虫等	1500	2	20
1.8%阿维菌乳油	低	桃蛀螟、桃小食心虫、叶螨等	2000	2	30
2.5%灭幼脲悬浮剂	低	梨小食心虫、桃蛀螟等	1500～2000	3	7
24%螺螨酯悬浮剂	低	红蜘蛛、叶螨等	5000	1～2	20
15%哒螨灵乳油	低	山楂红蜘蛛、叶螨等	3000	1～2	20

第八节　鲜食葡萄生产技术

1　园地选择与规划

1.1　园地选择

1.1.1　气候条件

年均气温 8℃ 以上，年活动积温（≥10℃）在 3300℃ 以上，无霜期 160d 以上，年降水量 350～800mm，年日照时数 2200h 以上。

1.1.2　土壤条件

选择排水良好的砾质壤土或砂质壤土，活土层厚度 30cm 以上；pH6.0～8.0；含盐量不超过 3.0g/kg。

1.2　园地规划

根据园区面积，地形地貌和机械化管理要求，合理设计林田水路系统，选择适宜的栽植模式。种植小区的道路可与排灌系统统筹规划，合理布局；地势低洼的地方，排水沟渠应通畅，防风林应建在果园的迎风面，与主风向垂直，乔木和灌木搭配合理。

1.3　品种选择

按照适地适栽原则，选择优质、丰产、抗病、抗寒、适应性广、商品性好的品种。

1.4　架式选择

采用篱架和小棚架栽培。

2　建园

2.1　苗木质量

宜采用脱毒嫁接苗木。

2.2　定植

2.2.1　定植时期

春季定植为主，一般3月中下旬进行。

2.2.2　定植密度

依据品种、砧木、土壤状况、栽培架式等而定，适当稀植。株行距 (1.2～2.0)m×(2～3)m。

2.2.3　苗木消毒

定植前对苗木进行消毒，常用的消毒液有3～5°Bé石硫合剂或1%硫酸铜溶液。

2.2.4 深翻改土、挖定植沟

定植前结合施用基肥进行深翻改土，根据行距，挖宽 $0.8\sim1.0m$，深 $0.6\sim0.8m$ 的定植沟，每 $667m^2$ 施用腐熟的农家肥 $3000\sim5000kg$ 或商品有机肥 $1000kg$，与土充分混合均匀施入沟内，然后充分灌水，并整平地面，然后进行栽植。

3 土肥水管理

3.1 土壤管理

3.1.1 春季除土

埋土防寒地区需在解冻后分二次解除防冻土，第一次在 3 月 15～20 日除一半，第二次在 4 月 1～15 日除另一半（特殊年份除土时间应适当提前或延后），注意不能碰伤枝蔓或芽眼。

3.1.2 行间生草

3.1.2.1 生草方式

提倡行间生草，行内覆盖的方式。生草包括自然生草和人工生草两种方式。

3.1.2.2 自然生草

利用当地的杂草，拔除深根性、高秆杂草，保留浅根性、矮秆杂草，当草长到 30～40cm 时进行刈割，建议留茬 5~10cm。

3.1.3 人工生草

以豆科类、禾本科类牧草为宜，推广种植长柔毛野豌豆、紫花苜蓿、黑麦草等，增加土壤有机质。需要刈割的牧草参照自然生草刈割要求及时进行刈割。

3.2 施肥

3.2.1 施肥原则

以有机肥为主，化肥为辅，适当补充微生物肥料，保持或增加土壤肥力及土壤微生物活性。所施用的肥料不应对葡萄园环境和葡萄品质产生不良影响。

3.2.2 基肥

秋季果实采收后施入，以有机肥为主，每 $667m^2$ 施腐熟的农家肥 3000~5000kg 或商品有机肥 500~750kg。施用方法是沟施为主，沟深 30~40cm，宽 30~40cm，要求肥料与土拌匀，然后将落叶、杂草同埋。

3.2.3 追肥

3.2.3.1 土壤追肥

以氮磷钾复合肥为主，结果树适当增加钙镁肥；氮磷钾肥用量按照每生产 100kg 果实，纯氮 0.25~0.75kg，P_2O_5 0.25~0.75kg，K_2O 0.35~1.1kg，元素

配比为 $N：P_2O_5：K_2O = 1：(0.5\sim0.6)：(1\sim1.2)$，可根据树龄、土壤肥力、树势适当增减，成龄树每 $667m^2$ 施用中微量元素肥 $30\sim40kg$。每年分 3 次施用，第一次在萌芽前后，以氮磷肥为主；第二次在花芽分化果实膨大期，以磷钾肥为主；第三次在果实生长后期，以钾肥为主。施肥方法：距离葡萄树体 $30\sim40cm$，挖深度为 10cm 左右的浅沟，追肥后覆土并及时灌水，最后一次追肥距果实采收期 30d 以上进行。

3.2.3.2　叶面喷肥

全年 $4\sim5$ 次，一般可在花前 2 周左右喷施 1 次，以硼肥为主，喷施 $0.3\%\sim0.5\%$ 硼砂；坐果后至果实成熟前以磷、钾肥为主，喷 $3\sim4$ 次 $0.3\%\sim0.5\%$ KH_2PO_4，最后一次在距果实采收期 20d 喷施。

3.3　水分管理

3.3.1　灌水

萌芽期、浆果膨大期和封冻前要灌足灌透，其他时期根据墒情灌水，在花芽分化和果实成熟期适当控水。灌溉方式宜采用滴灌、喷灌等节水灌溉技术，并配套水肥一体化设施。

3.3.2　排水

完善排水系统，雨季及时排水。

4　整形修剪

4.1　修剪原则

葡萄整枝通过休眠期和生长期来完成，可根据不同栽培条件和品种、树势情况较灵活地调节植株修剪量，保持架面通风透光。冬剪时剪除病虫枝、清除病僵果；夏剪要多次摘心，抹除副梢，防止枝梢郁闭。

4.2　树形

4.2.1　倾斜式单干单臂形

主蔓基部可与地面平行，以较少夹角（小于 20°）逐渐上扬到第一道丝，沿同一方向形成一条多年生臂，长度视株距而定。臂上培养 3～4 个结果枝组，每个结果枝组上留 1～2 个结果母枝。

4.2.2　单干双臂形

植株只留 1 个固定主干，干高 60～70cm，地势较低或平坦的果园适当增加干高，主干顶部两侧各留 1 个蔓，在第一道丝上形成固定的双臂，长度视株距而定。每个臂上培养 2～4 个结果枝组，每个结果枝组留 1～3 个结果母枝。

4.2.3　高宽垂形

主干 1.2～1.4m，架高 1.7m，两侧各距中心 30～

40cm 处分别每隔 35cm 左右拉一道铁丝，共拉 4 道铁丝；1.4m 高处拉一道铁丝，冬季修剪时，所有结果母蔓均回到这道铁丝上，生长期使每根新梢呈"弓"形引绑，促进新梢中、下部花芽分化。

4.3 休眠期修剪

4.3.1 修剪时间

每年葡萄落叶后至翌年 2 月中下旬进行，埋土防寒地区应在埋土前进行。根据产量和树形确定留芽量。

4.3.2 修剪方法

根据品种和架式进行短梢修剪（一年生枝保留 1～3 芽）、中梢修剪（一年生枝保留 4～6 芽）、长梢修剪（一年生枝保留 7 芽以上）。更新修剪采用单枝更新或双枝更新。

4.4 生长季修剪

4.4.1 引蔓上架

从 3 月中旬开始至 3 月底结束。

4.4.2 抹芽

抹除瘦弱芽、双芽、歪芽、病虫芽，保留圆头饱满的，出现双芽时可以抹除其中一个瘦弱的，对于老蔓上萌发的隐芽，如果不需要用它填补空间，也要抹除。

4.4.3 定枝

按预定产量确定果枝量。适宜时间：花序露出，新梢长 10~15cm 开始。

4.4.4 引缚果枝

当新梢长到 20~30cm 时，果枝要按距离排列垂直绑在架面上，通风透光，防止大风刮断果枝。

4.4.5 去副梢、去卷须、定果穗

果穗以下不留副梢，果穗以上副梢留 1~2 片叶摘心，顶端保留 1~2 个副梢，保留 2~4 片反复摘心。根据品种和生长势留果穗，壮枝 1~2 穗，中庸枝 1 穗，弱枝不留，合理负载，提高果穗果粒质量。

4.4.6 顺果穗

对生长过弱和有病的果穗进行摘除，对有些品种的副穗进行修整，确保果穗整齐；顺果穗使果穗自然下垂，使其正常生长发育。

4.4.7 摘心

坐果较差的品种在花前花序以上 6 片叶处摘心，其他品种在果穗以上保留 14~16 片叶处摘心。

5　花果管理

5.1　产量

亩产量建议成龄园每 $667m^2$ 的产量控制在 1500～2000kg。

5.2　花穗整形

根据不同品种特性采用不同的整形方式，常用的有"去副穗、掐穗尖、去分枝"、去穗尖法、留穗尖法等。

5.3　果实套袋

疏果后及早进行套袋，套袋时间以 6 月中下旬为宜。套袋前全园喷布一遍杀菌剂。红色葡萄品种采收前 10～20d 摘袋。对容易着色和无色品种可以不摘袋，带袋采收。应避免高温伤害，摘袋时不要将纸袋一次性摘除，先把袋底打开，逐渐将袋去除。

6　自然灾害预防

6.1　自然灾害种类

自然灾害主要包括冻害、雹灾、风灾、鸟害、涝害等。

6.2 预防措施

6.2.1 冻害

6.2.1.1 防止霜冻，可采用灌水、烟熏等方法。

6.2.1.2 防止冬季冻害，采用抗寒砧木的嫁接苗建园以及冬季埋土防寒。

6.2.2 雹灾

架设防雹网，进行果穗套袋等。

6.2.3 风灾

多留新梢、春季新梢早摘心。

6.2.4 鸟害

采用防鸟网保护，适当多保留叶片以及果穗套袋等。

6.2.5 涝害

加强排水，或者采用遮雨设施避雨。

7 病虫害防治

7.1 防治原则

坚持以预防为主，综合防治的原则。以农业防治为基础，生物防治、物理防治为核心，合理使用化学防治技术，经济、安全有效地控制病虫害发生。

7.2 农业防治

采取剪除病虫枝、清除枯枝落叶、刮除树干翘裂皮、翻树盘、地面秸秆覆盖、科学施肥等措施防控病虫害发生。

7.3 生物防治

保护利用寄生性、捕食性天敌昆虫及病原微生物，控制病虫害种群密度，将其种群数量控制在为害水平以下。适当建立昆虫栖息地，饲养、释放天敌，补充和恢复天敌种群。应限制有机合成农药的使用，减少对天敌的为害。

7.4 物理防治

挂防虫板、迷向丝等措施。

7.5 化学防治

无公害葡萄园病虫害综合防治见表 2-5。

表 2-5 无公害葡萄园病虫害综合防治历

防治时期	主要防治对象	兼治对象	防治方案	备注
萌芽前	白粉病、炭疽病	越冬的各种病虫害	3～5°Bé 石硫合剂	全封闭
	红蜘蛛、蚧壳虫			

防治时期	主要防治对象	兼治对象	防治方案	备注
萌芽至开花前	炭疽病、黑痘病、霜霉病	穗轴褐枯病、灰霉病	3～4叶期，喷施10%苯醚甲环唑水分散粒剂1500～2000倍液或25%咪鲜胺乳油1000倍液，或50%异菌脲悬浮剂1000倍液；花序分离期喷施75%百菌清600倍液，或25%嘧菌酯悬浮剂1500～2000倍液进行预防保护	
	绿盲蝽	毛毡病、介壳虫	萌芽至展叶前重点预防绿盲蝽，可选用1%苦皮藤素水乳剂800～1000倍液，或25%吡虫啉乳油2000～3000倍液喷雾防治	
落花后至幼果期	黑痘病、灰霉病、霜霉病	炭疽病、白腐病、白粉病等	发病前喷施80%代森锰锌可湿性粉剂800～1500倍，发病初期选用60%唑醚·代森联水分散粒剂1500倍液，或25%烯酰吗啉悬浮剂1000～1500倍液，或22.5%啶氧菌酯悬浮剂1000～1500倍液喷雾	
	绿盲蝽、叶蝉	介壳虫	2.5%高效氯氟氰菊酯乳油2500倍液，或25%噻虫嗪水分散粒剂4000～5000倍液喷雾	
果实膨大期	霜霉病、白腐病、炭疽病、白粉病	黑痘病、灰霉病	主要喷施1∶0.5∶200倍波尔多液为主，也可选用60%唑醚·代森联水分散粒剂1500倍液，或78%波尔多液·代森锰锌可湿性粉剂500～600倍液，或5%己唑醇悬浮剂2000～2500倍液，或10%苯醚甲环唑水分散粒剂1500～2000倍液，或25%嘧菌酯悬浮剂1500～2000倍液喷雾，与波尔多液交替使用	
	叶蝉	烟粉虱、斑衣蜡蝉	选用25%噻虫嗪水分散粒剂4000～5000倍液，或25%吡虫啉乳油2000～3000倍液喷雾	

防治时期	主要防治对象	兼治对象	防治方案	备注
转色至成熟期	白腐病、炭疽病、霜霉病	黑霉病、灰霉病	10%苯醚甲环唑水分散粒剂1500倍液或40%氟硅唑乳油6000倍液喷施，25%戊唑醇水乳剂2000倍液，或50%异菌脲可湿性粉剂750～1500倍液喷雾	

8　植物生长调节剂类物质的使用

允许有限度使用对改善和提高果实品质及产量有显著作用的植物生长调节剂，主要种类有赤霉素类、乙烯利等，严格按照规定的浓度、时期使用，每年最多使用1次，安全间隔期在20d以上。

9　采收

根据果实成熟度、用途和市场需求综合确定采收适期。成熟期不一致的品种，应分期采收。

10　果园废弃物处理

及时将田间的枯枝、落叶、果袋及农药瓶等清理干净，保持果园卫生。

粮食类无公害农产品生产技术

第一节 甘薯生产技术

1 土壤条件

选土层深厚、疏松、有机质含量较高、通气性好、排水良好的沙性土壤或壤土为宜。

2 品种选择

根据当地条件及种植目的,选用优质、高产、抗病、商品性好的甘薯品种。

3 选苗

从脱毒甘薯苗圃或苗床中选择脱毒壮苗,苗龄 30d

左右，苗长 20cm 左右，百株重 500g 以上，顶三叶齐平，叶片肥厚，大小适中，叶色浓绿，全株无病斑。薯苗病虫害的检疫应按照 GB 7413 执行。

4　薯苗处理

栽插前，用 25％多菌灵可湿性粉剂 600～800 倍药液或 70％甲基硫菌灵可湿性粉剂 800～1000 倍药液等农药防治黑斑病；用 20％三唑磷微囊悬浮剂 100～150 倍药液等农药，防治茎线虫病；亦可将上述两种药液混合浸泡薯苗基部 8～10cm 处 8～10min，防治多种病害。

5　栽植

5.1　栽植时间

春薯于 4 月底至 5 月底，日最低气温不低于 10℃，10cm 地温稳定在 16℃以上时栽植。夏薯宜于 6 月 20 日后栽植，力争早栽。

5.2　栽植密度

春薯每 667m^2 栽植 3500～4000 株，夏薯为每 667m^2 栽植 4000～4500 株。

5.3　栽植方法

采用斜栽方式栽植，栽植方法如下：

① 从顶端展开叶算起，2～3 节及 3～4 片叶外露，露土高度不超过 7cm。

② 栽植后及时浇足窝水，干旱情况下可浇 2～3 遍窝水。

③ 窝水下渗后，用窝外细土填窝、压实，使苗头直立。

6　栽前施肥与起垄

6.1　施足基肥

每 $667m^2$ 施充分腐熟农家肥 3000～4000kg，化肥施用量折合纯氮 3～5kg、P_2O_5 5～6kg、K_2O 8～10kg。有机肥应在起垄前结合旋耕一次性全施，化肥应在起垄前结合旋耕施入 2/3，剩余 1/3 施入垄下沟内。

6.2　深耕起垄

深耕整地，耕翻深度 25～30cm，随耕随耙，保住底墒。起垄，垄距春薯 75～90cm、夏薯 60～80cm，垄高 25～35cm。机械化作业可参照 DB37/T 3355 进行。

（1）肥水管理　栽插时浇足窝水，生长期间遇旱需适当浇水。若遇涝积水，应及时排水。进入块根快速膨大期后，可每 $667m^2$ 喷 0.2% KH_2PO_4 溶液 40～50kg，间隔 7d 喷 1 次，连喷 2～3 次。

（2）防治杂草　栽植后，选用适宜除草剂，兑水适量，喷于土壤表面封闭土壤防治杂草，注意喷洒均匀无遗漏。生长期田间内出现杂草应及时人工拔除。

7 控制旺长

有旺长趋势的地块，可用烯效唑等生长调节剂，兑水在封垄 1/2～3/4 时喷施。根据生长情况间隔 5～7d，喷 2～3 次。

8 病虫害防治

8.1 主要防治对象

主要病害有黑斑病、茎线虫病、病毒病等；主要虫害有斜纹夜蛾、甘薯天蛾、小地老虎、蝼蛄、蛴螬、金针虫等。

8.2 防治方法

（1）农业防治 选用高抗多抗的品种和脱毒种苗。实行严格轮作制度，与非旋花科作物轮作，间隔时间 2 年以上。培育适龄壮苗、高剪苗。增施充分腐熟的有机肥。清洁田园，建立无病种薯田等。

（2）物理与生物防治 保护和利用天敌防治虫害。利用害虫的趋光、趋味性等，采用诱虫灯、糖醋液、性诱剂等诱杀成虫。在害虫进入盛发期或食叶害虫幼虫 3 龄前，利用生物药剂喷雾或喷粉防治。

（3）化学防治 整地起垄施肥时，每 667m^2 用 3%

辛硫磷颗粒剂 2～2.5kg，或其他适宜药剂，均匀撒施，防治地下害虫。生长期间，发生病虫为害，采取化学药剂防治。

9　收获

10 月中旬当 10cm 地温降至 15～16℃时开始收获，霜降前收完。

10　贮藏

贮藏前，贮藏窖要清扫、消毒，每立方米空间用 20g 硫黄，点燃后封闭 2～3d 熏窖灭菌，然后充分通风。入窖前，要严格剔除带病、破伤、受水浸、受冻害的薯块。贮藏量不超过窖空间的 2/3。在薯堆中间放入通气笼，以利通气。窖温保持在 10～15℃，湿度保持在 80％～90％。发现腐烂薯块要及时清除。

11　标志、包装及运输

包装物上应标明无公害农产品标志、产品名称、产品的标准编号、生产者名称、产地、规格、净含量和包装日期等。包装（箱、筐、袋）要求大小一致、牢固。包装容器应保持干燥、清洁、无污染。应按同一品种、同规格分别包装。每批产品包装规格、单位、质量应一致。运输时做到轻装、轻卸、严防机械损伤。运输工具要清洁、无污染。运输中要注意防冻、防晒、防雨淋和通风换气。

第二节　花生生产技术

1　耕作

春播地块冬前深耕，深度 20cm 以上，每 2～3 年结合换茬进行冬前深耕 1 次，深度 30cm 以上。播种前耙耢整地，做到土松、土细、地平。

2　施肥

2.1　施肥原则

以施用有机肥和生物肥为主，配合施用大量元素、中微量元素化肥。

2.2　施肥量

（1）根据地力和产量水平确定施肥量。产量水平 $600kg/667m^2$ 以上地块，每 $667m^2$ 施充分腐熟的鸡粪 $1000～1200kg$ 或养分总量相当的其他有机肥，化肥用量：纯氮（N，下同）$12～14kg$、磷（P_2O_5，下同）$10～11kg$、钾（K_2O，下同）$14～17kg$；产量水平 $400～600kg/667m^2$ 的地块，每 $667m^2$ 施充分腐熟的鸡粪 $1000～1200kg$ 或养分总量相当的其他有机肥，化肥用量：纯氮

8～10kg、磷 6～8kg、钾 9～12kg；产量水平 400kg/
$667m^2$ 以下的地块，每 $667m^2$ 施充分腐熟的鸡粪 400～
800kg 或养分总量相当的其他有机肥，化肥用量：纯氮
4～7kg、磷 3～5kg、钾 5～6kg。

（2）根据土壤养分丰欠情况，每 $667m^2$ 施用硼肥
0.5～1kg、锌肥 0.5～1kg。

（3）施用钙肥，要根据土壤酸化的实际，施用生石
灰、硅钙镁肥、钙镁磷肥等生理碱性肥料，每 $667m^2$ 施
用商品肥料 30～50kg。

2.3　施肥方法

（1）有机肥和化肥以铺施为主，2/3 的有机肥于冬
耕前铺施，化肥和 1/3 的有机肥于春季耙地前铺施。

（2）生物肥集中撒施在播种沟内，也可在扶垄时包
施在垄中间。

（3）花生生长期间，根据长势情况进行叶面追肥。

3　品种选择

根据生产条件和生产目的，选用优质、专用、抗病、
适应性广、商品性好、已登记、适宜烟台地区种植的花
生品种。

4　种子处理

播种前 10d 内剥壳，剥壳前晒种 2～3d，剥壳后种

子分级，选用一、二级种仁作种，且一、二级种子要分
开播种，不可混播。

5　播种

5.1　播期

春花生在 5 月 1～15 日播种为宜。夏花生麦收后尽
早播种，不迟于 6 月 20 日。

5.2　足墒播种

花生播种时，播种层的土壤水分以田间最大持水量
的 70% 为宜。

5.3　种植密度

（1）单粒精播，选用一级种子，每 667m^2 播 13000～
15000 穴。垄距 80～85cm，垄面宽 50～52cm，垄上播 2
行，行距 28～30cm，穴距 10～12cm。

（2）双粒精播，每 667m^2 播 8500～9500 穴，垄距
85～90cm，垄面宽 50～55cm，垄上播 2 行，行距
30cm，穴距 15～17.5cm。

5.4　机械覆膜播种

用花生播种机，把花生扶垄、浅播种、均匀喷药、
集中施肥、合理密植、严格覆膜和顺垄压土 7 条规范化
播种过程用机械一次性完成。

6　田间管理

6.1　开孔放苗

花生幼苗顶土（膜）时，及时开孔引苗，避免灼伤幼苗，开孔后随即覆土，幼苗2片真叶时及时清除膜孔上的多余土堆，团棵前将压在膜底的侧枝抠出膜外。

6.2　浇水与排涝

足墒播种的覆膜花生，苗期不需浇水。花针期和结荚期土壤相对含水量降至50%以下时，要进行浇水补墒，确保果针及时入土结实和荚果充分膨大。花生生长中后期，如果雨水较多，应及时排水降渍，防止烂果。

6.3　防止徒长

高肥水条件下，当花生下针后期、结荚前期株高超过40cm，可采取人工去顶的方法防止徒长。

7　病虫草害防治

7.1　防治原则

应按"预防为主，综合防治"的植保方针，突出生态控制，协调应用农业、生物、物理和化学防治技术。

7.2 消灭鼠害

花生田如有田鼠危害，以人工消灭为主，也可以结合性激素诱捕。

8 采收

8.1 收获

当70%以上花生荚果果壳硬化、网纹清晰、果壳外表呈现铁青色，果壳内壁呈青褐色斑片时，及时收获。

8.2 晾晒

收获的花生及时晾晒，将荚果含水量降至10%以下，确保不霉污，按照无公害农产品的要求妥善保管。

8.3 清除残膜

花生收获时及收获后，及时清除田间残留地膜，避免白色污染。

9 标志、包装及贮运

包装物上应标明无公害农产品标志、产品名称、产品的标准编号、生产者名称、产地、规格、净含量和包装日期等。包装（袋、箱）要求大小一致、结实牢固。包装容器应保持干燥、清洁、无污染。应按同一品种、同规格分别包装。每批产品包装规格、单位、质量应一致。运输时做到轻装、轻卸、严防机械损伤。运输工具要清洁、无污染。运输中要注意防冻、防晒、防雨淋和通风换气。贮存应在阴凉、通风、清洁、卫生的条件下，按品种、规格分别贮藏，防日晒、雨淋、冻害、病虫害、机械损伤及有毒物质的污染。

第三节　玉米生产技术

1　品种选择

选用通过审定的优质、高产、抗病、抗倒、适应性广、商品性好、适宜于烟台地区种植的品种。

2　种子处理

播种前进行种子精选。精选后的种子进行药剂拌种或种子包衣，防治地老虎、金针虫、蝼蛄、蛴螬、灰飞虱、蚜虫、粗缩病、丝黑穗病和纹枯病等病虫害。

3　播种

3.1　播种时间

满足光热要求，使玉米生长发育所需条件与当地自然条件相吻合。春播玉米于 5cm 地温稳定在 10℃ 以上为播种始期；套种玉米与小麦共生期 7～10d；夏播玉米播期不晚于 6 月 25 日。

3.2　播种密度

普通型品种 4000～4500 株/667m^2，紧凑型品种 4500～5500 株/667m^2。

3.3　播种方式

采用玉米精量播种机播种，夏播玉米宜采用免耕播种机或条带旋耕播种机播种。

4　供肥

按每生产 100kg 玉米籽粒需纯氮（N）3.0kg、磷（P$_2$O$_5$）1.0kg、钾（K$_2$O）2.0kg 的参考值，结合产量水平，确定肥料用量。每 667m^2 加施 1kg 硫酸锌。

5　田间管理

5.1　间苗定苗

非精量播种地块要及时间苗定苗，宜 3 叶清苗、5 叶定苗。

5.2　中耕除草

全生育期宜中耕 2～3 次，保持土壤疏松，中耕时间应在出苗后至大喇叭口期以前。

5.3　追肥浇水

在玉米拔节期结合浇水或降雨施用苗肥，将氮肥总量的30%和全部磷、钾、硫、锌肥，沿幼苗一侧开沟深施15cm左右，促根壮苗。在玉米大喇叭口期（叶龄指数55%～60%，第11～12片叶展开）结合浇水或降雨施用攻穗肥，追施总氮量的50%，开沟或用施肥耧深施10～15cm，促穗大粒多。在籽粒灌浆期（花后10d左右）结合浇水施用花粒肥，追施总氮量的20%，提高叶片光合能力，增加粒重。

6　病虫害防治

以防为主，综合防治，优先采用农业防治、综合防治、物理防治、生物防治，配合使用化学防治。

7　采收

当玉米果穗籽粒硬化，呈现固有的品种特点，中部籽粒着生部位产生色层，籽粒含水率小于33%时适宜收获。

8　标志、包装及贮运

包装标识与产品贮运等应符合 NY/T 2798.2 的要求。包装物上应标明无公害农产品标志、产品名称、产品的标准编号、生产者名称、产地、规格、净含量和包装日期等。包装（箱、筐、袋）要求大小一致、牢固。

包装容器应保持干燥、清洁、无污染。应按同一品种、同规格分别包装。每批产品包装规格、单位、质量应一致。运输时做到轻装、轻卸、严防机械损伤。运输工具要清洁、无污染。运输中要注意防冻、防晒、防雨淋和通风换气。贮存应在阴凉、通风、清洁、卫生的条件下，按品种、规格分别贮藏，防日晒、雨淋、冻害、病虫害、机械损伤及有毒物质的污染。

第四节　马铃薯生产技术

1　产地环境

应选择生态条件良好、远离污染源、排灌方便、土层深厚疏松的沙壤或壤土地块。

2　生产技术

2.1　品种选择

选用高产、抗病性强、商品性好的早熟脱毒种薯。

2.2　整地施肥

结合耕地，每 $667m^2$ 可施商品有机肥 $200\sim300kg$，硫酸钾三元复混肥（N：P_2O_5：$K_2O=15$：15：15）50kg，或过磷酸钙 25kg、草木灰 100kg，或生物有机

复合肥 80～100kg，耙细耙匀，整平起垄，垄高 20cm 左右，垄宽 50cm 左右。也可施用商品有机肥 200～300kg，一半铺施一半沟施。在开沟播种时集中沟施，并与土壤充分拌匀。

2.3　种薯准备

2.3.1　晒种

选晴天连续晒种 2～3d，剔除烂种。春季晒种注意防冻，秋季晒种避免强光直射。

2.3.2　切块

切块可在催芽前 2～3d 进行。切块时充分利用顶端优势，螺旋式向顶端斜切，每块种薯应有 2 个以上芽眼，每块 30～35g。小于 50g 的种薯可不切块。每切完一个种薯，切刀用 75％酒精消毒或 0.5％的高锰酸钾水溶液消毒。

2.3.3　药剂拌种

可用甲基硫菌灵 50％胶悬剂 60g、丙森锌 70％可湿性粉剂 50g 与 2kg 滑石粉混匀，与 100kg 种薯切块轻微搅拌，使每块种薯都沾上药粉。

2.3.4　催芽

采用层积法进行催芽。一层湿沙一层薯块，共堆放 4～5 层，上部用湿沙覆盖。春季催芽在 15～18℃ 的温暖处，秋季催芽于阴凉处以避高温。秋季为了打破休眠，促进发芽，切块后用 1～2mg/kg 赤霉素溶液浸种 8～10min。

2.3.5　晾芽

当薯芽长到 1.5～2cm 时扒出晾芽，温度控制在 10～15℃，晾芽 3～5d，使芽变绿变粗。

2.4　播种

2.4.1　株行距

双行栽培，小行距 20cm，大行距 75～80cm，株距 20～25cm。

2.4.2　三膜覆盖栽培

塑料大拱棚内扣小拱棚加盖地膜的三膜覆盖栽培，宜于 12 月中旬催芽，翌年 2 月初播种。

2.4.3　双膜覆盖栽培

小拱棚加盖地膜的双膜覆盖栽培，宜可于 1 月上旬催芽，2 月中下旬播种。

2.4.4　地膜覆盖栽培

地膜覆盖栽培，宜于 2 月上旬催芽，3 月初播种。

2.4.5　地膜及小拱棚覆盖技术

地膜及小拱棚覆盖技术是在播后覆土、起小垄随后盖地膜，在其上支小拱棚。具体如下：

（1）地膜覆盖　播种后培土起垄，将垄顶凹下3～5cm，然后覆膜，以使苗出土后不与地膜接触，可避免日光造成地膜升温烫伤苗或烧苗。

（2）地膜打拱覆盖　用竹片每2m左右打一拱，然后覆盖薄膜，小拱棚中心拱高60cm左右。取土块压膜四周，力求压紧压实。

2.5　田间管理

2.5.1　浇水

苗期需水较少，墒情好的六片叶以前不要浇水，以免降低地温延迟生产。如土壤干旱影响出苗时应及时沟灌，切忌大水漫灌，保持土壤透气性。初花期、盛花期、终花期要浇好3遍水。

2.5.2　追肥

适时追肥。马铃薯在薯块膨大初期随水冲施尿素10kg/667m^2、硫酸钾10kg/667m^2，也可在膨大期用0.3%磷酸二氢钾连喷3～4次，每次间隔5～6d。

2.5.3　水肥一体化技术

宜采用水肥一体化技术。滴管带铺设与马铃薯播种同时进行。墒情好的六个叶以前可不浇水。如土壤干旱影响出苗时应及时浇水，在初花期、盛花期、终花期 3 个关键时期，确保浇足水。若底肥不足，可在马铃薯膨大初期追施平衡型水溶肥 $15\mathrm{kg}/667\mathrm{m}^2$，在马铃薯膨大中期追施平衡型水溶肥 $20\mathrm{kg}/667\mathrm{m}^2$。

2.6 病虫害综合防控技术

2.6.1 防治原则

坚持"预防为主，综合防治"，采用"以农业防治、物理防治、生物防治为主，化学防治为辅"的防治原则。

2.6.2 主要病虫害

主要有晚疫病、早疫病、环腐病、蚜虫、蛴螬、地老虎等。

2.6.3 农业防治

选用抗病、耐病品种；使用脱毒种薯，防止病毒病发生；与非茄科作物进行 2～3 年的轮作倒茬；平衡施肥；合理密植，加强管理；及早发现中心病株，并立即清除，用塑料袋带出，远离田间深埋处理。

2.6.4 生物防治

用有益生物针对性防治病虫害。可用环腐病拮抗菌防治环腐病，七星瓢虫捕食蚜虫等进行生物防治。

2.6.5 物理防治

采用频振灯、性诱剂、黄板等诱杀害虫；采用防虫网、银灰膜等趋避害虫。

2.6.6 化学防治

2.6.6.1 晚疫病

选用 70％代森锰锌可湿性粉剂 175～225g/667m^2，或 70％丙森锌可湿性粉剂 150～200g/667m^2 进行喷雾防治。

2.6.6.2 早疫病

可用 10％苯醚甲环唑水分散粒剂 1500 倍液或用 25％嘧菌酯悬浮剂 1500 倍液进行喷雾防治。

2.6.6.3 环腐病

可用 3％中生菌素可湿性粉剂 800～1000 倍液喷雾防治。

2.6.6.4 金针虫、地老虎、蛴螬

可用 0.38％苦参碱乳油 500 倍液或 40％辛硫磷乳油 1500 倍液交替喷雾防治。

2.6.6.5 蚜虫

可用 10％吡虫啉可湿性粉剂 2000～4000 倍液，或 20％的氰戊菊酯乳油 3300～5000 倍液，或 10％氯氰菊酯乳油 2000～4000 倍液等药剂交替喷雾防治。

3 收获

根据生长情况与市场需求及时采收。当块茎停止生

长，即 2/3 的叶片变黄、植株开始枯萎时及时收获，收获的块茎要及时运回。在收获过程中，要做到轻拿轻放，避免碰伤或擦伤，速装速运；避免块茎被暴晒、雨淋、霜冻和长时间暴露在阳光下而变绿。

4　标志、包装、贮存

4.1　标志

对已获准使用地理标志或绿色食品标志的，可在其产品或包装上加贴地理标志或绿色食品标志。

4.2　包装

4.2.1　总体要求

同一包装内的马铃薯等级、规格应一致。同时，包装材料、容器和方式的选择应满足：

（1）利于延长马铃薯的保鲜期；

（2）保护马铃薯避免受到磕碰等机械损伤，减轻在贮藏、运输期间病害的传染；

（3）方便装载、运输和销售；

（4）所用材质以环保、可回收利用或可降解材料为主。

4.2.2　包装类型

主要有运输包装和零售包装 2 种类型。

（1）运输包装

① 清洁干燥、平整光滑、无污染、无异味，具有一定的保护性、防潮性和抗压性。必要时，包装容器内应有衬垫物。

② 包装方式应采用水平排列方式包装。

（2）零售包装

① 零售时可采用透明薄膜、聚乙烯袋等小包装销售。

② 也可采用一次性塑料托盘加透明保鲜膜的包装方式，防止马铃薯挤压受损，方便二次包装。

4.3　贮藏

提倡采用冷风库进行贮藏。马铃薯收获后，在15～18℃、遮光条件下预贮2周。入库前30d，应把冷库彻底打扫干净，用药剂进行喷雾或熏蒸消毒。预贮后进行分级，去掉烂、病薯，及时入库贮藏。贮藏适宜温度为3～5℃，适宜空气相对湿度为85%～90%。应注意通风换气，防鼠、防虫。

第五节　小麦生产技术

1　品种选择

选用优质、高产、抗病、抗逆力强、通过审定、适宜烟台地区种植的小麦新品种。

2　整地

采用深耕机械翻耕，耕深 23～30cm，整平地面，破碎坷垃，无明暗坷垃，达到上松下实。水浇地根据播种机械作业要求规格作畦，整平畦面待播。

3　播种

3.1　播期

适宜播期为 10 月 1～10 日，最佳播期 10 月 3～8 日。

3.2　播量

大穗型品种，每 667m² 基本苗 15 万～18 万个；中多穗型品种，每 667m² 基本苗 12 万～16 万个。在此范围内，高产田宜少，中产田宜多。旱作麦田每 667m² 基本苗 12 万～18 万个。10 月 10 日以后播种的麦田，要根据品种特点和地力水平，每晚播一天每 667m² 增加基本苗 0.5 万～1 万个。10 月 20 日以后播种的晚茬麦，采用独秆栽培技术，每667m² 基本苗 30 万～35 万个，以主茎成穗为主。

4　施肥

4.1　施肥原则

根据小麦需肥规律、土壤养分状况，确定相应的施肥量。

4.2　施肥量

每 $667m^2$ 施充分腐熟的农家肥 $3000kg$ 左右或总养分含量相当的其他有机肥。化肥的施用量根据产量水平，按每生产 $100kg$ 籽粒需氮（N）$3.1kg$、磷（P_2O_5）$1.1kg$、钾（K_2O）$3.2kg$ 施用。缺少微量元素的地块要补施锌肥、硼肥等。

4.3　施肥方法

农家肥、有机肥、磷肥、钾肥及微肥全部底施。氮素化肥分为底肥和追肥分次施用，应根据地力和产量水平，氮肥的 $50\%\sim60\%$ 作底肥，第二年春季小麦起身期或拔节期再施用余下的 $50\%\sim40\%$。地力水平高，则底肥比例小、追肥比例大，反之则底肥比例大、追肥比例小。

5　田间管理

5.1　冬前管理

在出苗后和浇冬水前查苗补苗，疏密补稀，于 11 月下旬至 12 月初浇越冬水。

5.2　春季管理

返青期划锄镇压，以通气保墒促稳长。根据麦苗长相、群体数量确定追肥浇水时间及追肥量。

5.3　中后期管理

根据土壤墒情及天气状况，浇好孕穗和灌浆水。结合"一喷三防"补施叶面肥，防止早衰。

6　病虫草害防治

以防为主，综合防治，因地制宜选用抗（耐）病虫优良品种，优先采用农业防治、物理防治、生物防治，配合科学合理的化学防治，达到生产安全、优质的无公害小麦目的。

7　收获

籽粒含水率降至 20％以下时，采用小麦联合收割机收获。收获过程所用工具要清洁、卫生、无污染。

8　标志、包装及贮运

包装物上应标明无公害农产品标志、产品名称、产品的标准编号、生产者名称、产地、规格、净含量和包装日期等。包装（箱、筐、袋）要求大小一致、牢固。包装容器应保持干燥、清洁、无污染。应按同一品种、同规格分别包装。每批产品包装规格、单位、质量应一致。运输时做到轻装、轻卸、严防机械损伤。运输工具要清洁、无污染。运输中要注意防冻、防晒、防雨淋和通风换气。贮存应在阴凉、通风、清洁、卫生的条件下，按品种、规格分别贮藏，防日晒、雨淋、冻害、病虫害、机械损伤及有毒物质的污染。

参 考 文 献

[1] 邹瑞昌，冉瑞碧，王远全，等.设施蔬菜水肥一体化技术应用效果研究. 长江蔬菜，2015（6）：21-22.

[2] 张晓丹，刘俊华，沈冬青，等.陈曦大白菜无公害生产技术规程.中国 瓜菜，2019（5）：15-16.

[3] 金莉.不同蔬菜轮作对温室番茄连作基质微生物多样性及番茄生长的影响.甘肃农业大学，2020（6）：27-29.

[4] 郝永乐.秸秆生物反应堆对温室黄瓜产量的影响.内蒙古农业科技，2010（2）：33-35.

[5] 牛小朋.大樱桃栽培技术要点.西北园艺，2020（5）：10-13.

[6] 薛晓敏，翟浩，王金政，等.苹果免套袋优质生产技术.落叶果树，2020（3）：47-49.

[7] 樊力鹏，李晶晶，等.日光温室草莓周年高效栽培技术.西北园艺，2020（9）：61-63.

[8] 刘士珍.大棚韭菜高产栽培技术.农业开发与装备，2020（9）：21-23.

[9] 许佳彬，王洋，李翠霞，等.新型农业经营主体有能力带动小农户发展吗——基于技术效率比较视角.中国农业大学学报，2020（9）：17-20.

[10] 李振云.高油酸花生轻简化栽培技术.现代农业科技，2020（10）：50-52.

[11] 屈涛，刘震宇，吴涛，等.高产小麦新品种新麦51的选育及栽培技术要点.农业科技通讯，2020（10）：18-20.

[12] 聂书明，杜中平，徐海勤，等.不同基质配方对番茄生育期植株生长特性和光合特性的影响.西南农业学报，2013（4）：50-56.

[13] 侯运和.沼气、液、渣在设施蔬菜生产中的综合利用.长江蔬菜，2012（18）：6-8.